全国高等院校土建类应用型规划教材
住房和城乡建设领域关键岗位技术人员培训教材

建筑材料管理与实务

《住房和城乡建设领域关键岗位
技术人员培训教材》编写委员会 编

主　　编：王丽君　梅剑平
副主编：林　丽　张丹莉
组编单位：住房和城乡建设部干部学院
　　　　　北京土木建筑学会

中国林业出版社

图书在版编目（CIP）数据

建筑材料管理与实务 /《住房和城乡建设领域关键岗位技术人员培训教材》编写委员会编. —北京：中国林业出版社，2018.12

住房和城乡建设领域关键岗位技术人员培训教材

ISBN 978-7-5038-9201-1

Ⅰ. ①建… Ⅱ. ①住… Ⅲ. ①建筑材料－管理－技术培训－教材 Ⅳ. ①TU722

中国版本图书馆 CIP 数据核字（2017）第 172497 号

本书编写委员会
主　编：王丽君　梅剑平
副主编：林　丽　张丹莉
组编单位：住房和城乡建设部干部学院　北京土木建筑学会

国家林业和草原局生态文明教材及林业高校教材建设项目
策　划：杨长峰　纪　亮
责任编辑：陈　惠　王思源　吴　卉　樊　菲

出版：中国林业出版社
　　　（100009 北京西城区德内大街刘海胡同 7 号）
网站：http://lycb.forestry.gov.cn/
印刷：固安县京平诚乾印刷有限公司
发行：中国林业出版社
电话：(010)83143610
版次：2018 年 12 月第 1 版
印次：2018 年 12 月第 1 次
开本：1/16
印张：13
字数：200 千字
定价：50.00 元

编写指导委员会

组编单位：住房和城乡建设部干部学院　北京土木建筑学会
名誉主任：单德启　骆中钊
主　　任：刘文君
副 主 任：刘增强
委　　员：许　科　陈英杰　项国平　吴　静　李双喜　谢　兵
　　　　　李建华　解振坤　张媛媛　阿布都热依木江·库尔班
　　　　　陈斯亮　梅剑平　朱　琳　陈英杰　王天琪　刘启泓
　　　　　柳献忠　饶　鑫　董　君　杨江妮　陈　哲　林　丽
　　　　　周振辉　孟远远　胡英盛　缪同强　张丹莉　陈　年
参编院校：清华大学建筑学院
　　　　　大连理工大学建筑学院
　　　　　山东工艺美术学院建筑与景观设计学院
　　　　　大连艺术学院
　　　　　南京林业大学
　　　　　西南林业大学
　　　　　新疆农业大学
　　　　　合肥工业大学
　　　　　长安大学建筑学院
　　　　　北京农学院
　　　　　西安思源学院建筑工程设计研究院
　　　　　江苏农林职业技术学院
　　　　　江西环境工程职业学院
　　　　　九州职业技术学院
　　　　　上海市城市科技学校
　　　　　南京高等职业技术学校
　　　　　四川建筑职业技术学院
　　　　　内蒙古职业技术学院
　　　　　山西建筑职业技术学院
　　　　　重庆建筑职业技术学院
策　　划：北京和易空间文化有限公司

前　　言

"全国高等院校土建类应用型规划教材"是依据我国现行的规程规范，结合院校学生实际能力和就业特点，根据教学大纲及培养技术应用型人才的总目标来编写。本教材充分总结教学与实践经验，对基本理论的讲授以应用为目的，教学内容以必需、够用为度，突出实训、实例教学，紧跟时代和行业发展步伐，力求体现高职高专、应用型本科教育注重职业能力培养的特点。同时，本套书是结合最新颁布实施的《建筑工程施工质量验收统一标准》（GB50300—2013）对于建筑工程分部分项划分要求，以及国家、行业现行有效的专业技术标准规定，针对各专业应知、应会和必须掌握的技术知识内容，按照"技术先进、经济适用、结合实际、系统全面、内容简洁、易学易懂"的原则，组织编制而成。

考虑到工程建设技术人员的分散性、流动性以及施工任务繁忙、学习时间少等实际情况，为适应新形势下工程建设领域的技术发展和教育培训的工作特点，一批长期从事建筑专业教育培训的教授、学者和有着丰富的一线施工经验的专业技术人员、专家，根据建筑施工企业最新的技术发展，结合国家及地方对于建筑施工企业和教学需要编制了这套可读性强，技术内容最新，知识系统、全面，适合不同层次、不同岗位技术人员学习，并与其工作需要相结合的教材。

本教材根据国家、行业及地方最新的标准、规范要求，结合了建筑工程技术人员和高校教学的实际，紧扣建筑施工新技术、新材料、新工艺、新产品、新标准的发展步伐，对涉及建筑施工的专业知识，进行了科学、合理的划分，由浅入深，重点突出。

本教材图文并茂，深入浅出，简繁得当，可作为应用型本科院校、高职高专院校土建类建筑工程、工程造价、建设监理、建筑设计技术等专业教材；也可作为面向建筑与市政工程施工现场关键岗位专业技术人员职业技能培训的教材。

目 录

第一章　建筑材料管理概述 ································ 1
　第一节　建筑材料管理的内容 ···························· 1
　第二节　材料信息管理 ·································· 7
　第三节　材料分类管理 ·································· 8
第二章　材料消耗定额管理 ······························ 11
　第一节　材料消耗定额概述 ···························· 11
　第二节　材料消耗定额的制定 ·························· 15
　第三节　材料消耗定额的管理 ·························· 22
第三章　材料计划管理 ·································· 26
　第一节　材料计划管理概述 ···························· 26
　第二节　材料计划的编制 ······························ 30
　第三节　材料计划的实施 ······························ 35
第四章　材料采购管理 ·································· 40
　第一节　材料采购概述 ································ 40
　第二节　材料采购方式 ································ 44
　第三节　材料、设备采购招标 ·························· 48
　第四节　材料采购的询价 ······························ 57
　第五节　材料采购管理 ································ 65
　第六节　建设工程物资采购合同 ························ 71
第五章　材料供应管理 ·································· 79
　第一节　材料供应管理概述 ···························· 79
　第二节　材料供应方式 ································ 84
　第三节　材料定额供应 ································ 90
　第四节　材料配套供应 ································ 97

第六章　材料运输管理 ··· 101
第一节　材料运输管理概述 ·· 101
第二节　材料运输管理 ··· 103

第七章　材料储备管理 ··· 114
第一节　材料储备管理概述 ·· 114
第二节　材料储备定额 ··· 120
第三节　材料储备管理 ··· 129
第四节　材料库存控制与分析 ··· 138
第五节　材料质量管理 ··· 143
第六节　周转材料的管理 ·· 146
第七节　工具的管理 ·· 151

第八章　材料核算管理 ··· 159
第一节　材料核算管理概述 ·· 159
第二节　材料核算管理 ··· 164

第九章　机电工程设备供应与管理 ······································ 178
第一节　机电工程设备采购管理 ······································· 178
第二节　机电工程设备监造与验收管理 ···························· 184
第三节　机电工程设备现场保管的要求 ···························· 193

第十章　新型建筑材料管理 ·· 194
第一节　新型建筑材料审批 ·· 194
第二节　新型建筑材料现场管理 ······································· 197

第一章 建筑材料管理概述

第一节 建筑材料管理的内容

一、建筑材料在施工中的流转过程

建筑材料的消耗过程与建筑产品的形成过程,构成了建筑企业的生产过程。

1. 从实物形态上看

建筑材料在施工生产中的流转过程从实物形态上看可以由图 1-1 表示。

如图 1-1 所示,施工企业购进建筑材料,通过与工人的劳动相结合,经过运输、储备、加工和供应环节,使建筑材料失去原有的形态和使用价值,构成具有新的形态、使用价值和特定功能的建筑产品。而企业通过销售部门的运转完成建筑材料在施工生产中的流转过程并获得利润。

2. 从价值形态上看

建筑材料在施工生产中的流转过程从价值形态上看可以由图 1-2 表示。

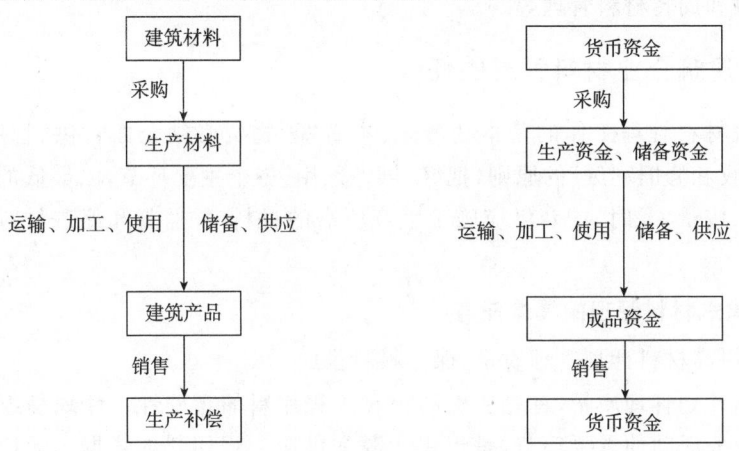

图 1-1 建筑材料实物形态流转过程　　图 1-2 建筑材料价值形态流转过程

如图 1-2 所示,施工企业购进建筑材料后,其拥有的货币资金转换为生产资金或储备资金,通过与工人的劳动相结合,经过运输、储备、加工和供应环节完成建筑产品的制造过程。此时,生产资金或储备资金创造了新的价值,转变为成品资金并实现了资金的增值。

二、建筑企业材料管理的主要内容

建筑企业材料管理,指建筑企业对施工生产过程中所需各种材料的采购、储备、保管、使用等工作的总称。从广义上来讲,建筑材料管理涉及两方面内容,包括材料流通领域的管理和生产及使用领域的管理。

1. 建筑材料流通领域的管理

物质资料由材料生产企业转移到需用地点的活动,称为流通。材料流通领域的管理,也称为材料供应,它以企业生产需要为前提,以满足生产需要为目的。材料流通领域的管理一般由企业材料管理部门实现,包括建筑材料的采购、运输、储备及供应到施工现场或加工制作的全过程。

2. 建筑材料生产及使用领域的管理

建筑材料的生产和使用是以建筑材料的流通管理为纽带的。材料的生产和使用领域的管理,也称为材料的消耗管理。它包括从领料开始,经过工人劳动改变其原有形态,直到制造出新产品的全过程。

建筑材料的生产属于工业企业管理的范畴。而建筑材料的使用管理一般由建筑产品的建造者——工程项目经理部来实现,是项目部建筑材料管理的主要内容。材料使用管理包括材料计划、进场验收、储存保管、材料领发、使用监督、材料回收和周转材料管理等。

三、建筑企业材料管理的任务

建筑材料管理工作的基本任务是:本着"管物资必须全面管供、管用、管节约、管回收和修旧利废"的原则,把好"供、管、用"三个主要环节,以最低的材料成本,按质、按量、及时、配套供应施工生产所需的材料,并监督和促进材料的合理使用。

1. 建筑材料管理的具体任务

(1)提高材料计划管理质量,保证材料供应

提高计划管理质量,首先要提高核算工程用料的正确性。计划是组织和指导材料业务活动的重要环节,是组织货源和供应工程用料的依据。无论是需用计划,还是材料平衡分配计划,都要按单位工程(大的工程可按分部工程)进行编制。但是在实际工作中,原定的材料供应计划往往会因为设计的变更或施工条件的变化而变更或修订。因此,材料计划工作需要与设计单位、建设单位和施工

部门保持密切联系。对重大设计变更,大量材料的价差和量差等重要问题,应与有关单位协商解决好。同时材料供应人员要有较强的应变能力,才能保证工程材料供应需要。

(2)提高材料供应管理水平,保证工程进度

材料供应管理包括采购、运输及仓库管理业务,这是配套供应的先决条件。由于建筑产品的规格、式样多,而每项工程都是按照建筑物的特定功能设计和施工的,对材料各有不同的需求,数量和质量受设计的制约,在材料流通过程中受生产和运输条件的制约,价格上受市场供求关系的制约。因此,材料部门要主动与施工部门保持密切联系,及时沟通,互相配合,才能提高供应管理水平,适应施工要求。对特殊材料要采取专料专用控制,以确保工程进度。

(3)加强施工现场材料管理,坚持定额用料

建筑产品体积庞大,生产周期长,用料数量多、运量大,而且施工现场一般相对比较狭小,储存材料困难,在施工高峰期间土建、安装交叉作业,材料储存地点与供、需、运、管之间矛盾突出,容易造成材料浪费。因此,施工现场材料管理,首先要建立健全材料管理责任制度,材料员要参加现场施工总平面图关于材料布置的规划工作。在组织管理方面要认真发动群众,坚持专业管理与群众管理相结合,建立健全施工队(组)的管理体制,这是材料使用管理的基础。在施工过程中要坚持定额供料,严格领退手续,达到"工完料尽场地清",杜绝浪费。

(4)严格进行经济核算,降低成本

经济核算是借助价值形态对生产经营活动中的消耗和生产成果进行记录、计算、比较和分析,促使企业以最低的成本取得最大的经济效益。材料供应管理同企业的其他各项业务活动一样,都应实行经济核算,寻找降低成本的途径。

2. 建筑材料管理的主要环节

建筑材料是建筑企业生产的三大要素(人工、材料、机械)之一,是建筑生产的物资基础,建筑材料的管理必须像其他生产要素的管理一样,抓好各个主要环节。

(1)抓好材料计划的编制

编制计划的目的,是对资源的投入量、投入时间和投入步骤做出合理的安排,以满足企业生产实施的需要。计划是优化配置和组合的手段。

(2)抓好材料的采购供应

采购是按编制的计划,从资源的来源、投入到施工项目的实施,使计划得以实现,并满足施工项目需要的过程。

(3)抓好建筑材料的使用管理

根据每种材料的特性,制定出科学的、符合客观规律的措施,进行动态配置

和组合，协调投入、合理使用，以尽可能少的资源满足项目的使用需求。

(4) 抓好经济核算

进行建筑材料投入、使用和产出的核算，及时发现和纠正偏差，并不断改进，以实现节约使用资源、降低产品成本、提高经济效益。

(5) 抓好分析、总结

进行建筑材料流通过程管理和使用管理的分析，对管理效果进行全面总结，找出经验和问题，为以后的管理活动提供信息，为进一步提高管理工作效率打下坚实的基础。

可见，建筑材料管理是建筑企业进行正常施工，促进企业技术经济取得良好效果，加速流动资金周转，减少资金占用，提高劳动生产率，提高企业经济效益的重要保证。

四、建筑企业材料管理体制及其一般规律

建筑材料管理体制是建筑企业组织、领导材料管理工作的根本制度，是企业生产经营管理体制的重要组成部分，明确了企业内部各级、各部门间在材料的采购、运输、储备和消耗等方面的管理权限和管理形式。正确制定建筑材料管理体制，对于实现企业材料管理的基本任务，改善企业的经营管理，提高企业的承包能力、竞争能力都具有重要意义。

建筑施工生产中，即使是同样的设计、同一个施工地区或同一支施工队伍，也会因为施工季节、操作人员、组织管理模式等因素而具有非重复性。所以建筑材料管理没有确定的模式，不过应该遵循一定的管理规律。

1. 材料管理要适应建筑施工生产及需求特点

建筑施工生产具有流动性和多变性。建筑材料必须随生产而转移，所以材料、机具的储备不宜分散，要尽可能提高成品、半成品的供应程度，能够及时组织剩余材料的转移和回收，减轻基层负担，使基层能轻装转移。材料管理要按照每一个产品特点采取不同的管理方法，常用材料须适当储备，建立灵敏的信息传递、处理、反馈体系，对变化的情况及时处理，保证施工生产的顺利进行。材料管理要适应生产多工种的连续混合作业，满足建筑材料品种规格多、数量及运输量大的需要；还要体现供管并重，生产程序化，降低消耗，通过核算、监督，保证企业的经济效益。另外，材料管理还要考虑到建筑生产露天作业会受到气候和自然条件的影响。

2. 材料管理要适应企业施工任务和企业施工组织形式

建筑企业的施工任务状况主要包括规模、工期和分布三个方面。一般情况下，企业承担的任务规模较大，工期较长，任务必然相对集中；规模较小，工期较

短,任务必然相对分散。建筑企业按照其承担任务的分布状况,可分为现场型企业、城市型企业和区域型企业。

(1)现场型企业,一般采取集中管理的体制,把供应权集中于企业,实行统一计划、统一订购、统一储备、统一供应、统一管理。这种形式有利于统一指挥,减少层次、减少储备、节约设施和人力,材料供应工作对生产的保证程度高。

(2)城市型企业,其施工任务相对集中在一个城市内,常采用"集中领导,分级管理"的体制,对施工用主要材料和机具的供应权、管理权集中企业,对施工用一般材料和机具的供应权、管理权放给基层,这样,既能保证企业的统一指挥,又能调动各级的积极性,同样可以获得减少中转环节,减少资金占用,加速物资周转和保证供应的目的。

(3)区域型企业,是指任务比较分散,甚至跨省跨市,这类企业应因地制宜,或在"集中领导,分级管理"的体制下,扩大基层单位的供应和管理权限,或在企业的统一计划指导下,把材料供应和管理权完全放给基层,这样既可以保证企业在总体上的指挥和调节,又能发挥各基层单位的积极性、主动性,从而避免由于过于集中而带来不必要层次、环节,造成人力、物力、财力的浪费。

3. 材料管理要适应社会的材料供应方式,加快流通速度、降低流通费用

企业的材料管理体制受国家和地方物资分配方式和供销方式的制约。只有适应国家和地方建筑材料分配方式和供销方式,企业才能顺利地获得自己所需的材料。

(1)要考虑和适应指令性计划部分的物资分配方式和供销方式

凡是由国家物资部门配套承包供应的,企业除具有接管、核销能力,还要具备调剂、购置的力量,以解决配套承包供应的不足。实行建设单位供料为主的地区,有条件的企业应考虑在高层次接管,扩大调剂范围,提高保证程度。直接接受国家和地方计划分配,负责产需衔接的企业,还应具有申请、订货和储备能力。

(2)要适应地方市场资源供货情况

凡是有供货渠道和生产厂家的地区,企业除具有采购能力外,要根据市场供货周期建立适当的储备能力,要创造条件直接与生产厂家衔接,享受价格优惠,建立稳定的供货关系。对于没有供货渠道的地区,企业要考虑具有外地采购、协作,以及扶植生产、组织加工、建立基地的能力,通过扩大供销关系和发展生产的途径,满足企业生产的需要。不同的社会供应方式和地区的资源情况,对企业的材料供应体制提出了不同的要求,只有满足并反映了这些要求,才能更好地实现企业材料供应与管理的基本任务,为生产提供良好的物质基础,促进企业的发展。

(3) 要了解适应社会资源形势

一般情况下,社会资源比较丰富,一旦当社会资源比较短缺,甚至供不应求,企业材料的采购权、管理权不宜过于分散,否则就会出现互相抢购、层层储备,这些都会造成人力、物力和财力的浪费,甚至影响施工生产。

企业材料管理体制还取决于企业材料管理队伍的素质状况,在其他条件不变的情况下,队伍素质高可以适当减少层次和环节。

综上所述,建筑企业的材料管理体制既是实现企业经营活动的重要条件,又是企业联系社会的桥梁和纽带,受企业内外各种条件和因素的制约。确定企业材料管理体制必须从实际出发,调查研究,综合考虑各种因素,力求科学、合理;要保证企业经营活动的开展,有利于企业取得最终的整体效益;要保证企业生产管理的完整性,有利于企业生产的指挥和调节;要体现上一层次为下一层次服务的原则,兼顾各级的利益;要有利于信息的收集、传递、反馈和处理,使材料管理机制有机地运行。

建筑企业材料管理体制一般应包括和明确三个方面的内容,即企业各层次在材料采购、加工、储备等方面的分工;企业所用材料的计划、采购、加工、储备、调拨及使用的主要管理办法;按照上述分工和管理要求而建立的各层次的材料管理机构。建筑企业的材料管理机构是企业材料管理的职能部门,负有对企业材料管理工作进行全面规划、领导和组织责任。

4. 材料管理应遵循价值规律和供求规律

建筑材料作为商品进入市场,必然受到价值规律和市场供求规律的影响。要保证建筑材料的采购、供应与生产的协调,降低工程成本,掌握建筑材料的消耗规律,更好地服务于施工生产并获得相对最大的盈利,建筑材料管理人员就必须了解和掌握建筑材料自身的价值规律和市场供求规律,并使材料管理遵循这些规律。

5. 材料管理应遵循经济发展有计划按比例的规律

建筑材料涉及国民经济中多个行业的产品,建筑业要想更快更好地发展,建筑材料的管理形式和规模就必须与社会其他部门相适应、相衔接。国民经济有计划按比例发展,可以促进国民经济整体实力的提升和发挥;而材料管理遵循有计划按比例的发展规律,可以保证建筑业与国民经济整体协调发展。

6. 材料管理应遵循建筑材料储备量相对下降的规律

建筑材料储备量的相对下降是指材料储备量占需用总量的比例减小。随着生产的发展,建筑材料储备绝对量增加,而由于生产组织的合理化,材料储备的相对量将随之下降。这就要求材料供应工作在保证施工生产的前提下,提高供应水平,挖掘材料潜力,搞活流通,使材料储备量不断降低。

第二节　材料信息管理

随着我国市场经济的不断完善和建筑市场投标报价方式的转变,信息在企业的经营决策中起到了重要作用,企业已成为施工企业进行材料采购、存储,投标报价的依据和基础资料。企业应将所收集的各类信息收集、整理后建立材料资源库,使之能够在企业的相关部门工作中共享。

一、材料信息的种类

1. 资源信息

资源信息包括工程所需各类材料生产(供应)企业的生产能力,产品质量,企业的信誉,生产工艺和服务的水平。

2. 供求信息

供求信息包括当期国内外建材市场的供需情况、价格情况和发展趋势。

3. 政策信息

政策信息包括国家、地方和行业主管部门对材料供应与管理的各项政策。

4. 新产品信息

新产品信息包括国内外建材市场新型材料发展和新产品开发与应用的信息。

5. 淘汰材料信息

淘汰材料信息包括目前淘汰停用的材料种类或某种材料的某种类型、型号等信息。

二、信息的获得

由于信息所特有的时效性、区域性和重要性,所以信息管理要求动态管理,收集整理要求全面、广泛,及时准确。收集信息的途径主要有:

(1)订阅各种专业报刊、杂志;

(2)专业的学术、技术交流资料;

(3)互联网查询;

(4)政府部门和行业管理部门发布的有关信息;

(5)各级采购人员的实际采购资料;

(6)各类广告资料;

(7)各类展销会、订货会提供的资料。

三、信息的整理

为了有效高速地采集信息、利用信息,企业应建立信息员制度和信息网络,应用电子计算机等管理工具,随时进行检索、查询和定量分析。采购信息整理常用的方法有统计报表形式、调查报告形式和建立台账的形式。

1. **统计报表形式**

运用统计报表的形式进行整理。按照需用的内容,从有关资料、报告中取得有关的数据,分类汇总后,得到想要的信息。

2. **调查报告形式**

以调查报告的形式就某一类信息进行全面的调查、分析、预测,为企业经营决策提供依据。

3. **建立台账形式**

对某些较重要的、经常变化的信息建立台账,做好动态记录,以反映该信息的发展状况。

四、企业材料资源库的建立

材料部门将所收集到的信息进行分类整理,利用计算机等先进工具建立企业的材料资源库。

资源库中包括价格信息库、供方资料库、有关材料的政策信息库、新产品、新材料库和工程材料消耗库。

第三节 材料分类管理

项目使用的材料数量大、品种多,对工程成本和质量的影响不同。北京市在2001年预算定额中也将物资分成了实体性消耗材料和非实体性消耗材料两大类。企业将所需物资进行分类管理,不仅能发挥各级材料人员作用,也能尽量减少中间环节。目前,大部分企业在对材料进行分类管理中,运用了"ABC法"的原理,即关键的少数,次要的多数,根据物资对本企业质量和成本的影响程度和物资管理体制将物资分成了ABC三类进行管理。

一、材料分类的依据及方法

1. **材料对工程质量和成本的影响程度**

根据材料对工程质量和成本的影响程度可分为三类。对工程质量有直接影响的,关系用户使用生命和效果的,占工程成本较大的物资一般为 A 类;对工程质量有间接影响,为工程实体消耗的为 B 类;辅助材料中占工程成本较小的为 C 类。材料 ABC 分类方法见表 1-1。

表 1-1 材料 ABC 分类表

材料分类	品种数占全部品种数(%)	资金额占资金总额(%)
A 类	5～10	70～75
B 类	20～25	20～25
C 类	60～70	5～10
合计	100	100

A 类材料占用资金比重大,是重点管理的材料。要按品种计算经济库存量和安全库存量,并对库存量随时进行严格盘点,以便采取相应措施。对 B 类材料,可按大类控制其库存;对 C 类材料,可采用简化的方法管理,如定期检查库存,组织在一起订货运输等。

2. 企业管理制度和材料管理体制

根据企业管理制度和材料管理体制不同,由总部主管部门负责采购供应的为 A 类,其余为 B 类、C 类。

二、材料分类的内容

材料的具体分类见表 1-2。

表 1-2 材料分类表

类别	序号	材料名称	具体种类
A 类	1	钢材	各类钢筋,各类型钢
	2	水泥	各等级袋装水呢,散装水泥,装饰工程用水泥,特种水泥
	3	木材	各类板、方材,木、竹制模板,装饰、装修工程用各类木制品
	4	装饰材料	精装修所用各类材料,各类门窗及配件,高级五金
	5	机电材料	工程用电线、电缆,各类开关、阀门、安装设备等所有机电产品
	6	工程机械设备	公司自购各类加工设备,租赁用自升式塔吊,外用电梯
B 类	1	防水材料	室内、外各类防水材料
	2	保温材料	内外墙保温材料,施工过程中的混凝土保温材料,工程中管道保温材料
	3	地方材料	砂石,各类砌筑材料
	4	安全防护用具	安全网,安全帽,安全带

(续)

类别	序号	材料名称	具体种类
B 类	5	租赁设备	①中小型设备:钢筋加工设备,木材加工设备,电动工具; ②钢模板; ③架料,U形托,井字架
	6	建材	各类建筑胶,PVC管,各类腻子
	7	五金	火烧丝,电焊条,圆钉,钢丝,钢丝绳
	8	工具	单价400元以上使用的手用工具
C 类	1	油漆	临建用调和漆,机械维修用材料
	2	小五金	临建用五金
	3	杂品	
	4	工具	单价400元以下手用工具
	5	劳保用品	按公司行政人事部有关规定执行

第二章 材料消耗定额管理

第一节 材料消耗定额概述

一、材料消耗定额的概念及构成

材料消耗定额,是在合理和节约使用材料的条件下,生产单位质量合格产品或完成单位工作量所必须消耗的一定规格的材料、成品、半成品和水、电等资源的数量标准。

"合理和节约使用材料的条件"也是影响材料消耗水平的因素,主要包括:工人的操作技术水平、施工工艺水平、企业管理水平;材料的质量及适用的品种规格、施工现场及完备的施工准备;适合施工的自然条件等。

"单位质量合格产品"指的是按实物单位表示的一个产品。"单位工作量"指的是很难用实物单位计量的工作量,则按工作所完成的价值来反映。

材料消耗定额反映一个时期内的材料消耗水平,所以要求其在一定时期内保持相对稳定。随着技术进步、工艺改革和组织管理水平的提高,材料消耗定额需要更新和修订。

为了清楚材料消耗定额的构成,首先应对材料消耗的构成进行分析。

1. 材料消耗的构成

在整个施工过程中,材料消耗的去向,一般说来,包括以下三部分:

(1)有效消耗即直接构成工程实体的材料净用量。

(2)工艺损耗工艺损耗指由于工艺原因,在施工准备过程中发生的损耗,又称为施工损耗,包括操作损耗、余料损耗和废品损耗。工艺性损耗的特点是在施工过程中不可避免地要发生,但随着技术水平的提高,能够减少到最低程度。

(3)非工艺性损耗。如在运输、储存保管方面发生的材料损耗;供应条件不符合要求而造成的损耗,包括以大代小、优材劣用等。非工艺损耗的特点,也是很难完全避免其发生的,损耗量的大小与生产技术水平、组织管理水平密切相关。

2. 材料消耗定额的构成

材料消耗定额的实质,就是材料消耗量的限额。一般由有效消耗和合理损耗组成。材料消耗定额的有效消耗部分是固定的,所不同的只是合理损耗部分。

(1) 材料消耗施工定额的构成

$$材料消耗施工定额 = 有效消耗 + 合理的工艺损耗$$

材料消耗施工定额主要用于企业内部施工现场的材料耗用管理,随着材料使用单位(工程承包单位)承包范围的扩大,材料消耗施工定额还应包含相应的管理损耗。

(2) 材料消耗预(概)算定额的构成

$$材料消耗预(概)算定额 = 有效消耗 + 合理的工艺损耗 + 合理的管理损耗$$

材料消耗预(概)算定额是地区的平均消耗标准,反映建筑企业完成建筑产品生产全过程的材料消耗平均水平。建筑产品生产的全过程,涉及各项管理活动,材料消耗预(概)算定额不仅应包括有效消耗与工艺损耗,还应包括管理损耗。

二、材料消耗定额的作用

建筑企业的生产活动,随时都在消耗大量的材料,材料成本占工程成本的70%左右,因此如何合理地、节约地、高效地使用材料,降低材料消耗,是材料管理的主要内容。材料消耗定额则成为材料管理内容的基本标准和依据。材料消耗定额的作用具体体现在以下几个方面。

1. 编制各项材料计划的基础

施工企业的生产经营活动都是有计划地进行的,正确按照定额编制各项材料计划,是搞好材料分配和供应的前提。施工生产合理的材料需用量,是以建筑安装实物工程量乘以该项工程量的某种材料消耗定额而得到的。

2. 确定工程造价的主要依据

对同一个工程项目投资多少,是依据概算定额对不同设计方案进行技术经济比较后确定的。而工程造价中的材料费,是根据设计规定的工程量、工程标准和材料消耗定额计算各种材料数量,再按地区材料预算价格计算得出的。

3. 推行经济责任制的重要手段

材料消耗定额是科学组织材料供应并对材料消耗进行有效控制的依据。有了先进合理的材料消耗定额,可以制定出科学的责任标准和消耗指标,便于生产部门制定明确的经济责任制。

4. 搞好材料供应及企业实行经济核算和降低成本的基础

有了先进合理的材料消耗定额,便于材料部门掌握施工生产的实际材料需用量,并根据施工生产的进度,及时、均衡的按材料消耗定额确定需用量并组织材料供应,据此对材料消耗情况进行有效控制。

材料消耗定额是监督和促进施工企业合理使用材料、实现增产节约的工具。材料消耗定额从制度上规定了耗用材料的数量标准。有了材料消耗定额,就有了材料消耗的标准和尺度,就能依据它来衡量材料在使用过程中是节约还是浪费;就能有效地组织限额领料;就能促进施工班组加强经济核算,降低工程成本。

5. 推动企业提高生产技术和科学管理水平的重要手段

先进合理的材料消耗定额,必须以先进的实用技术和科学管理为前提,随着生产技术的进步和管理水平的提高,必须定期修订材料消耗定额,使它保持在先进合理的水平上。企业只有通过不断改进工艺技术、改善劳动组织,全面提高施工生产技术和管理水平,才能够达到新的材料消耗定额标准。

三、材料消耗定额的分类

根据不同的划分标准,材料消耗定额有着不同的划分方法。

1. 按照材料的类别划分

材料消耗定额按照材料类别不同可以分为主要材料消耗定额、周转材料消耗定额和辅助材料消耗定额。

(1)主要材料消耗定额

主要材料是指建筑上直接用于构成工程主要实体的各项材料,例如钢材、木材、水泥、砂石等。这些材料通常是一次性消耗,且其费用在材料费用中占较大的比重。主要材料消耗定额按品种确定,由构成工程实体的净用量和合理损耗量组成,即

$$主要材料消耗定额 = 净用量 + 合理损耗量$$

(2)周转材料消耗定额

周转材料指在施工过程中能反复多次周转使用,而又基本上保持原有形态的工具性材料。周转材料经多次使用,每次使用都会产生一定的损耗,直至失去使用价值。周转材料消耗定额与周转材料需用数量及该周转材料周转次数有关,其计算方法是:

周转材料消耗定额 = 单位实物工程量需用周转材料数量/该周转材料周转次数

(3)辅助材料消耗定额

辅助材料与主要材料相比,其用量少,不直接构成工程实体,多数也可反复

使用。辅助材料中的不同材料有不同特点,所以辅助材料消耗定额可按分部分项工程的工程量计算实物量消耗定额;也可按完成建筑安装工作量或建筑面积计算货币量消耗定额;还可按操作工人每日消耗辅助材料数量计算货币量消耗定额。

2. 按照定额的用途划分

材料消耗定额按照用途不同可以分为材料消耗的概(预)算定额、材料消耗施工定额和材料消耗估算指标。

(1)材料消耗概(预)算定额

材料消耗概(预)算定额是由各省、市基建主管部门按照分部分项工程编制的,其编制工作以一定时期内执行的标准设计或典型设计为依据,遵照建筑安装工程施工及验收规范、质量评定标准及安全操作规程,还要参考当地社会劳动消耗的平均水平、合理的施工组织设计和施工条件。

材料消耗概(预)算定额,是计取各项费用的基本标准,是进行工程材料结算、计算工程造价和编制建筑安装施工图预算的法定依据。

(2)材料消耗施工定额

材料消耗施工定额由建筑企业结合自身在目前条件下可能达到的水平自行编制的材料消耗标准,反映了企业的管理水平、工艺水平和技术水平。材料消耗施工定额是材料消耗定额中划分最细的定额,具体反映了每个部位或分项工程中每一操作项目所需材料的品种、规格和数量。在同一操作项目中,同一种材料消耗量,在施工定额中的消耗数量低于概(预)算定额中的数量标准,也就是说,材料消耗施工定额的水平高于材料消耗概(预)算定额。

"两算"指的是施工预算与施工图预算,"两算对比"是指按照设计图纸和材料消耗概(预)算定额计算的施工图预算材料需用量,与按照施工操作工法和材料消耗施工定额计算的施工预算材料需用量之间的对比。材料消耗施工定额是材料部门进行两算对比的内容之一,是企业内部实行经济核算和进行经济活动分析的基础,是建设项目施工中编制材料需用计划、组织定额供料和企业内部考核、开展劳动竞赛的依据。

(3)材料消耗估算定额

材料消耗估算定额是以材料消耗概(预)算定额为基础,以扩大的结构项目形式表示的一种定额。在施工技术资料不全且有较多不确定因素的情况下,通常用材料消耗估算定额来估算某项(类)工程或某个部门的建筑工程所需主要材料的数量。材料消耗估算定额是非技术性定额,不能用于指导施工生产,而主要用于审核材料计划,考核材料消耗水平,也可作为编制初步概算、年度材料计划、控制经济指标,备料和匡算主要材料需用量的依据。

材料消耗估算定额通常有两种表示方法。一种是以企业完成的建筑安装工作量和材料消耗量的历史统计资料测算的材料消耗估算定额。其计算方法是：

每万元工作量的某材料消耗量＝统计期内某种材料消耗总量/该统计期内完成的建筑安装工作量(万元)

这种估算定额属于经验定额，使用这一定额时，要结合计划工程项目的有关情况进行分析，适当予以调整。

另一种是按完成建筑施工面积和完成该面积所消耗的某种材料测算的材料消耗估算指标。其计算方法是：

每平方米建筑面积的某材料消耗量＝统计期内某种材料消耗总量/该统计期内完成的建筑施工面积(m^2)。

这种估算定额也是一种经验定额，不受价格的影响，但受到不同项目结构类型、设计选用的不同材料品种和其他变更因素的影响，使用时要根据实际情况进行适当调整。

3. 按定额的适用范围划分

材料消耗定额按适用范围不同可以分为生产用材料消耗定额、建筑施工用材料消耗定额和经营维修用材料消耗定额。

(1)生产用材料消耗定额

生产用材料消耗定额是指包括建筑企业在内的工业生产企业生产产品时所消耗材料的数量标准。基于类似的技术条件、操作方法和生产环境，可参照工业企业的生产规律，根据不同的产品按其材料消耗构成拟定生产用材料消耗定额。

(2)建筑施工用材料消耗定额

建筑施工用材料消耗定额是建筑企业施工的专用定额，是根据建筑施工特点，结合当前建筑施工常用技术方法、操作方法和生产条件确定的材料消耗定额标准。

(3)经营维修用材料消耗定额

经营维修用料不同于建材制品生产用料和施工生产用料，它具有用量零星、品种分散的特点，没有固定的、具体的产品数量。经营维修用材料消耗定额是根据经营维修的不同内容和不同特点，以一定时期的维修工作量所耗用的材料数量作为消耗标准的一种定额。

第二节 材料消耗定额的制定

制定材料消耗定额的目的是增加生产、厉行节约，既要保证施工生产的需要，又要降低消耗，提高企业经营管理水平，取得最佳经济效益。

一、制定材料消耗定额的原则

1. 合理控制消耗水平的原则

材料消耗预算定额应反映社会平均消耗水平,材料消耗施工定额则应反映企业个别的先进合理的消耗水平。

制定材料消耗施工定额是为了在保证工程质量的前提下节约使用材料,获得好的经济效果,因此,要求定额具有先进性和合理性,应是平均先进的定额。所谓平均先进水平,即是在当前的技术水平、装备条件及管理水平的状况下,大多数职工经过努力可以达到的水平。如果定额水平过高,会影响职工的积极性;反之,若定额水平过低,无约束力,则起不到定额应有的作用。

2. 综合经济效益的原则

所谓综合经济效益,就是优质、高产与低耗统一的原则。制定材料消耗定额,要从加强企业管理、全面完成各项技术经济指标出发,而不能单纯的强调节约材料。降低材料消耗,应在保证工程质量、提高劳动生产率、改善劳动条件的前提下进行。

二、制定材料消耗定额的要求

1. 定质

制定材料消耗定额应对所需材料的品种、规格、质量,作正确的选择,务必达到技术上可靠、经济上合理和采购供应上的可能。具体考虑的因素和要求是品种、规格和质量均符合工程(产品)的技术设计要求,有良好的工艺性能、便于操作,有利于提高工效,采用通用、标准产品,尽量避免采用稀缺昂贵材料。

2. 定量

损耗量是定量的关键所在。消耗定额中的净用量,一般是相对不变或相对稳定的量。正确、合理地判断损耗量的大小,是制定消耗定额的关键,也体现出定额的先进性。

在消耗材料过程中,总会产生损耗和废品。其中有一部分属于受当前生产管理水平限制而公认的不可避免的,如砂浆搅拌后向施工工作面运输过程中,由于运输设备不够精密,必然存在漏灰损失;在使用砂浆时,也必然存在着掉灰、桶底余灰损失。再如砖,在装、运、卸、储等一系列操作中,即使是轻拿轻放,也难免要破碎而形成损耗。这些均属普遍存在,在目前施工条件下无法避免的,应作为合理损耗计入定额。另一部分属于现有条件下可以避免的,如运灰途中翻车所造成的损失,或是装运砖时利用翻斗汽车倾卸砖,或是保管材料不当而形成的材料损失,或是施工操作不慎造成质量事故的材料损失等。这些应看成是不合理的,属于可以避免的损耗,应作为浪费而不计入定额。

损耗的合理与否,要采取群专结合、以专为主、现场测试等的方式,正确判断和划分。

三、材料消耗定额制定的方法

制定消耗定额常用的方法主要有技术分析法、标准试验法、统计分析法、经验估算法和现场测定法。

1. **技术分析法**

技术分析法是根据施工图纸、技术资料和有关施工工艺标准,确定选用材料的品种、性能、规格,计算出材料净用量和合理操作损耗量并合并得出消耗定额的一种方法。技术分析法先进、科学,因有足够的技术资料作依据而得到普遍采用。

2. **标准试验法**

标准试验通常是在试验室内利用专门的仪器、设备进行测试确定材料消耗量的方法。通过测试求得完成单位工程量或生产单位产品消耗的材料数量,再对试验条件进行修正,制定出材料消耗定额。

3. **经验估算法**

根据有关制定定额的业务人员、操作者、技术人员的经验或已有资料,通过估算来制定材料消耗定额的方法。估算法具有实践性强、简便易行、制定迅速的特点,但是缺乏科学计算依据、准确性因人而异。

在急需临时估计一个概算、无统计资料、虽有消耗量但不易计算(如某些辅助材料、工具、低值易耗品等)的情况下,通常采用经验估算法。

4. **统计分析法**

统计分析法是指根据某分项工程实际材料消耗量与相应完成的实物工程量统计的数量,求出平均消耗量,再根据计划期与原统计期的不同因素作适当调整后,确定材料消耗定额。

采用统计分析法时,为确保定额的先进水平,通常按以往实际消耗的平均先进数作为消耗定额,求得平均先进数的具体方法有两种。

(1)从同类型结构工程的10个单位工程消耗量中,扣除上、下各2个最低和最高值后,取中间6个消耗量的平均值。

(2)将一定时期内比总平均数先进的各个消耗值,求出平均值,这个平均值即为平均先进数。

【例】 如表2-1中所示,假定某产品7~12月份消耗的材料已知。

表2-1 某产品消耗的材料月份

月份 项目	7月	8月	9月	10月	11月	12月	合计/平均
产量	80	85	85	90	100	110	550
材料消耗量	950	890	850	900	1050	825	5465
单耗/(kg/月)	11.5	11	10	9.6	9.4	8.5	(10)

从表2-1中看出,7~12月份每月用料的平均单耗为10kg。其中,7、8两个月单耗大于平均单耗,9月与平均单耗相等,10、11、12三个月低于平均单耗,这三个月的单耗即为先进数。再将这三个月的材料消耗数计算出平均单耗,即为平均先进数。计算式为:

$$(900+1050+825)/(90+100+110)=2775/300=9.25(kg/月)$$

上述平均先进数的计算,是按加权算术平均法计算的,当各月产量比较平衡时,也可用简单算术平均法求得,即:

$$(9.6+9.4+8.5)/3=27.5/3=9.17(kg/月)$$

这种统计分析的方法,符合先进、合理的要求,常被各企业采用,但其准确性由统计资料的准确程度而定。若能在统计资料的基础上,调整计划期的变化因素,就更能接近实际。

5. 现场测定法

现场测定法是组织有经验的施工人员、工人、业务人员,在现场实际操作过程中对完成单一产品的材料消耗进行实地观察和测定、写实记录,用以制定定额的方法。显然,这种方法受被测对象的选择和测试人员的素质影响较大。因此,首先要求所选单项工程对象具有普遍性和代表性,其次要求测试人员的技术好、素质高、责任心强。

现场测定法的优点是目睹现实、真实可靠、易发现问题、利于消除一部分消耗不合理的浪费因素,可提供较为可靠的数据和资料。但工作量大,在具体施工操作中实测较难,还不可避免地会受到工艺技术条件和施工环境因素等的限制。

四、编制材料消耗定额的步骤

1. 确定净用量

材料消耗的净用量,一般用技术分析法或现场测定法计算确定。如果是混合性材料,如各类混凝土及砂浆等,则先求所含几种材料的合理配合比,再分别求得各种材料的用量。

2. 确定损耗率

建设工程的设计方案确定后,材料消耗中的净用量是不变的,定额水平的高低主要表现在损耗的大小上。正确确定材料损耗率是制定材料消耗定额的关键。施工生产中,材料在运输、中转、堆放保管、场内搬运和操作中都会产生一定的损耗。

3. 计算定额耗用量

材料配合比和材料损耗率确定以后,就可以核定材料耗用量了。根据规定的配合比,计算出每一单位产品实体需用材料的净用量,再按损耗率和算出的净用量,或者采用现场测定法测出实际的损耗量,运用下列公式计算材料消耗定额。

(1)损耗率=损耗量/总消耗量×100%
(2)损耗量=总消耗量-净用量
(3)净用量=总消耗量-损耗量
(4)总消耗量=净用量/(1-损耗率)=净用量+损耗量

五、材料消耗概算定额的编制方法

材料消耗概算定额是以某个建筑物为单位或某种类型、某个部门的许多建筑物为单位编制的定额,表现为每万元建筑安装工作量、每平方米建筑面积的材料消耗量。材料消耗概算定额是材料消耗预算定额的扩大与合并,比材料消耗预算定额粗略,一般只反映主要材料的大致需要数量。

1. 编制材料消耗概算定额的基本方法

(1)统计分析法

对一个阶段实际完成的建筑安装工作量、竣工面积、材料消耗情况,采用统计分析法计算确定材料消耗概算定额。主要计算公式如下:

每万元建筑安装工作量的某种材料消耗量=报告期某种材料总消耗量/报告期建筑安装工作量(万元)

某类型工程或某单位工程每平方米竣工面积的材料消耗量=某类型工程或某单位工程材料总消耗量/某类型工程或某单位工程的竣工面积(m^2)

(2)技术计算法

根据建筑工程的设计图纸所反映的实物工程量,用材料消耗预算定额计算出材料消耗量,加以汇总整理而成。计算公式同上。

2. 材料消耗概算定额应按不同情况分类编制

(1)按不同阶段制定材料消耗概算定额

一个系统综合一个阶段(一般为1年)内完成的建筑安装工作量、竣工面积、材料实耗数量计算万元定额或平方米定额。某地根据统计资料,综合工业及民用各类建筑工程,核定综合性三大材料的概算定额见表2-2。

表2-2 工业建筑、民用工程综合性材料消耗概算定额

年度	竣工面积(万m²)	建筑安装工作量(万元)	钢材 年耗用/t	t/m²	t/万元	木材 年耗用/(m³)	m³/m²	m³/万元	水泥 年耗用/t	t/m²	t/万元
1993	153.33	23449.3	97299	0.064	4.15	67035	0.044	2.86	250157	0.167	10.69
1994	155.25	30324.7	126872	0.082	4.10	116872	0.072	3.60	396787	0.Z56	13.02
1995	155.39	35356.6	132428	0.084	3.72	116533	0.075	3.29	401190	0.274	11.00
1996	142.25	30386.2	102908	0.072	3.30	52855	0.037	1.73	326009	0.229	10.72
1997	122.06	26283.67	87553	0.072	3.30	36366	0.030	1.38	271970	0.223	10.35
1998	178.17	36314	131099	0.076	2.70	74292	0.042	2.03	374224	0.210	10.22
1999	178.82	44803	162907	0.091	3.63	80371	0.045	1.82	429211	0.240	9.58
2000	208.81	49931	170814	0.082	3.42	52705	0.025	1.06	520933	0.249	10.43

(2)按不同类型工程制定材料消耗概算定额

以上综合性材料消耗概算定额在任务性质相仿的情况下是可行的。但如果年度中不同类型的工程所占比例不同,最好按不同类型分别计算制定材料消耗概算定额,以求比较切合实际。某单位按不同类型工程制定的每平方米建筑面积材料消耗概算定额见表2-3。

表2-3 不同类型工程每平方米建筑面积平均材料消耗概算定额

任务性质	工程类型	钢材/t	木材/m³	水泥/t
工业	重型厂房	0.11	0.05	0.28
工业	轻型厂房	0.065	0.04	0.25
工业	工业用房	0.050	0.04	0.20
工业	每立方米构筑物混凝土	0.12	0.05	0.30
民用	工房	0.03	0.05	0.16
民用	高层建筑	0.05	0.04	0.20
民用	其他用房	0.045	0.04	0.18
民用	人防	0.12	0.160	0.30

(3)按不同类型工程和不同结构制定材料消耗概算定额

同一类型的工程,当其结构特点不同时,耗用材料数量也不同。为了适合各

个工程不同结构的特点,应进一步按不同结构制定材料消耗概算定额。某单位对某些工业用房按不同结构编制的材料消耗概算定额见表2-4。

表2-4 不同类型和结构的工程的材料消耗概算定额

工程情况		××厂泡沫玻璃生产车间 2层预制框架,面积3403m² 总造价520.541元,单价152.97元/m²		××厂机修车间 单层钢筋混凝土,面积1007m² 总造价128.595元,单价127.70元/m²		××厂总仓库 2层钢筋混凝土,面积1105m² 总造价93.943元,单价84.61元/m²	
材料名称	单位	万元耗料	m²耗料	万元耗料	m²耗料	万元耗料	m²耗料
水泥	kg	17861	273.24	15437	197.09	18.094	127.77
钢筋	kg	3673	56.19	2.944	37.60	2.533	21.45
钢材	kg	868	13.27	694.4	8.87	623	5.27
钢窗料	kg	491	7.52	515	6.58	356	3.02
木模	kg	1.77	0.027	2.43	0.030	11.09	0.009
木材	kg	0.24	0.004	0.04	0.001	0.07	0.001
黄砂	t/m³	28.35/21.32	0.434/0.33	30.77/23.14	0.393/0.295	28.83/21.68	0.224/0.118
碎石	t/m³	35.28/25.95	0.54/0.40	36.48/26.82	0.446/0.343	33.15/24.38	0.280/0.206
统一砖	块	8065	123.38	9193.5	117.42	5.884	49.78
石灰	kg	804	12.37	779	9.94	1.003	8.75

(4)典型工程

典型工程按材料消耗预算定额详细计算后汇总而成的平方米定额或万元定额,见表2-5。

表2-5 典型住宅每平方米材料消耗概算定额

材料名称	单位	190mm砌块住宅		附加工料		240mm砌块住宅		240mm砌块地下室	
		现场用料	工厂加工用料	室外工程	基础加固	现场用料	工厂加工用料	现场用料	工厂加工用料
水泥	kg	89	30	6.50	7.50	93	29	229	41
钢筋	kg	7.12	6.26	0.02	0.41	7.06	5.94	56.00	10.0
钢材	kg	0.74	1.52			0.70	1.47		1.10
钢窗料	kg		5.45				5.29		1.00
镀锌钢管	kg	0.80				0.77			

（续）

材料名称	单位	190mm 砌块住宅		附加工料		240mm 砌块住宅		240mm 砌块地下室	
		现场用料	工厂加工用料	室外工程	基础加固	现场用料	工厂加工用料	现场用料	工厂加工用料
铸铁管	kg	7.36			0.0003	7.15			
木模(原材)	m³	0.0063	0.0016			0.0079	0.0016	0.0710	
木材(原材)	m³	0.0007	0.0104		0.021/0.016	0.0007	0.0101		
黄砂	t/m³	0.24/0.18	0.04/0.03	0.04/0.011	0.042/0.031	0.25/0.188	0.04/0.03	0.04/0.33	0.05/0.038
碎石	t/m³	0.16/0.12	0.07/0.0151	0.037/0.027	7.50	0.21/0.154	0.06/0.044	0.77/0.566	0.08/0.059
标准砖	块	76		5.50		85			
中型硅酸盐砌块	m³	0.19				0.23			
石灰	kg	20.13		0.02		20.00			
沥青	kg	0.93				0.92			
油毛毡	m²	0.55				0.55			
玻璃	m²	0.14				0.14			

注：1)190mm 及 240mm 砌块住宅,系利用工业废渣粉煤灰制作的硅酸盐砌体作为墙体材料的住宅；
2) 如 240mm 砌块墙改为砖墙,则每立方米砌块一标准砖 684 块。

第三节 材料消耗定额的管理

搞好材料消耗定额管理,是搞好材料管理的基础,也是加强经济核算,促进节约使用材料,降低工程成本的有效途径。材料消耗定额的制定、执行和修改,是一项技术性很强、工作量很大、涉及面很广的艰巨复杂的工作。

一、管理组织体制

加强材料消耗定额管理,首先要从组织体制抓起,建立各级材料定额管理机构。

材料定额管理机构的任务是拟定有关材料消耗定额的政策和规定,组织编制或审批材料消耗定额,监督材料定额的执行,定期修订定额,负责材料定额的解释。

各级材料定额管理机构还应配备专职或兼职材料定额管理员,使物化劳动的消耗定额与活动的消耗定额一样有人管,负责材料消耗定额的解释和业务指导;经常检查定额使用情况,发现问题,及时纠正;做好定额考核工作;收集积累有关定额资料,以便修订调整定额。

二、材料定额的制订和修订

1. 做好材料消耗定额的制订和补充工作

建筑企业材料消耗定额的制订和补充工作应落实到职能部门,将其作为职能部门的正常业务工作。这就要求有关人员熟悉和研究材料消耗定额的编制原则和方法,对不能满足实际要求的材料消耗定额进行定期修订和补充。

编制材料消耗定额,要遵循以下几点原则:

(1)降低消耗的原则。加强材料消耗定额管理的目的,就是为了提高经济效益,降低消耗。

(2)实事求是的原则。制订材料消耗定额,要从客观实际条件出发,确定合理的定额水平。

(3)先进的原则。充分发挥和调动生产工人合理使用材料的积极性,为实现定额水平而努力。

(4)确保工程质量的原则。确保工程质量是最大的节约,质量低劣的产品是最大的浪费。材料消耗定额很难一次编齐全,往往在执行中逐步齐备。有的项目可能在制订时遗漏了,有的项目可能随着技术工艺的不断进步而产生。应根据制订定额的基本原则和方法,及时调查研究,收集资料,及时拟定补充定额。

2. 材料消耗定额的修订

(1)找出需要修改定额的实际原因。如施工条件能不能达到定额中规定的要求、定额水平是否脱离实际可能或定额用量要求过严,失去了一定的约束力,质量要求是否符合实际,等等。通过调查,针对原因所在,研究解决问题的办法。

(2)掌握原始数据。平时在实际施工中要经常注意原始消耗资料的积累,作为修订定额的原始依据。

(3)正确做好修改定额的计算,使修订后的定额更加符合实际,推动施工生产发展。

(4)修订的定额一定要按规定程序,报请上级批准后执行,如果随便修改,没有经过一定的审批程序,那就失去了定额应有的严肃性。

在修订材料消耗定额的过程中,要由技术、施工、材料等有关部门共同研究解决,进行技术和经济上的综合处理。

三、材料消耗定额的调整

材料消耗定额管理过程中,经常需要结合实际情况对材料消耗定额做出相应的调整。材料消耗定额的调整,可由企业自行审定后执行。

当工程设计要求与消耗定额不符时,可根据工程设计的要求,对比定额规定的条件作适当调整。如抹灰和楼地面面层的厚度,工程设计为了某种原因,要求大于定额规定厚度时,可以按增加部分调整材料消耗定额。

【例】 某地面面层的设计要求作50mm厚的细石混凝土,但本单位的材料消耗定额规定厚度为40mm,材料消耗定额按规定可以作相应调整。

材料消耗定额调整系数=设计要求厚度/定额规定厚度=50/40=1.25

当使用材料的规格与材料消耗定额规定的规格不同时,也要调整定额。如使用水泥的强度等级未完全按定额规定的强度等级组织供应时,必须做出调整。有些单位对定额规定混凝土的细集料改为以中、粗砂为主,粒径发生变化导致水泥用量也必须做出相应调整。

施工中的某些特殊要求影响材料消耗量时,可按规定作相应调整。如混凝土一般在定额确定时,规定坍落度为40～60mm。若施工中要求增加坍落度时,在保持水胶比不变的情况下,要根据混凝土的强度等级适当增加水泥用量。

四、材料消耗定额的考核

加强材料消耗定额执行过程中的考核工作可以提高材料使用过程的经济效益。考核工作的重点是计算材料的节约与超耗,可采用实物和货币两种方式进行考核。

采用实物形式时,按下式进行考核:

某种材料节约(超耗)量=定额消耗总量-实际消耗总量

采用实物形式时,按下式进行考核:

某种材料节约(超耗)额=定额消耗总额-实际消耗总额

上面两个公式表明了材料应消耗量(额)与实消耗量(额)之间的差异,是材料节约、超耗直接的量化反映。除此之外,还应以节超率考核材料的节超水平。计算公式为:

材料节约(超耗)率=材料节约(超耗)量/材料定额需用总量×100%

除了考核某种材料节超率之外,还要考核材料的综合节超率。综合节超率通常采用货币形式考核。

材料综合节约(超耗)率=材料总节约(超耗)额/材料定额需用总额×100%

收集和积累材料定额执行情况的资料,经常进行调查研究和分析工作,是材料定额管理中的一项重要工作。这样不仅能清楚材料使用过程中节约和浪费的原因,更重要的是可以采取措施,堵塞漏洞,总结、交流节约经验,进一步减少材料消耗,降低工程成本,还可以为修订和补充定额提供可靠资料。

  材料消耗的数量标准是企业自身生产经营体系的重要组成部分。随着我国投资体制和基本建设管理体制的改革和发展,以传统的工程概(预)算进行工程承包和结算的管理模式在逐步改变。招标投标制的普遍推行,市场竞争、企业核心技术和国际化程度的提高,对企业的材料消耗定额将提出更高的要求,使得造价管理向着国际通行规则发展,即量价分离。许多地区已推行"定额量、指导费、市场价"的造价管理体系,更客观、全面地体现出企业的经营生产能力。

第三章　材料计划管理

第一节　材料计划管理概述

材料管理应确定一定时期内所能达到的目标,材料计划就是为实现材料工作目标所做的具体部署和安排。材料计划是企业材料部门的行动纲领,对组织材料资源,满足施工生产需要,提高企业经济效益,具有十分重要的作用。

一、材料计划管理的概念

材料计划管理,就是运用计划的方法来组织、指挥、监督、调节材料的采购、供应、储备、使用等各种经济活动的一种管理制度。

材料计划管理的首要目标是供求平衡。材料部门要积极组织资源,在供应计划上不留缺口,为企业完成施工生产任务提供坚实的物质保证。材料计划管理要确立指令性计划、指导性计划和市场调节相结合的观念,以指导计划的编制和执行。另外,企业还应确立多渠道、多层次筹措和开发资源的观念,充分利用并占有市场;狠抓企业管理,依靠技术进步,提高材料使用能效,降低材料消耗。

二、材料计划管理的任务

1. 为实现企业经济目标做好物质准备

材料部门为建筑企业的发展提供物质保证。材料部门必须适应企业发展的规模、速度和要求才能保证企业经营的顺利进行。所以材料部门制定管理计划要遵循经济采购、合理运输、降低消耗、加速周转的原则,以最少的资金获得最大的经济收益。

2. 做好资源的平衡调度工作

资源的平衡调度是施工生产各部门协调工作的基础。要保证施工生产的顺利进行,材料部门必须掌握施工生产任务,核实需用情况,还要查清内外资源,掌握供需状况和市场信息,确定周转储备并做好材料品种、规格及项目的平衡配套工作。

3. 采取措施,促进材料的合理使用

建筑施工露天作业,操作条件差,浪费材料的问题长期存在。必须加强材料的计划管理,通过计划指标、消耗定额,控制材料使用,并采取一定的手段,如检查、考核、奖励等,提高材料的使用效益,从而提高供应水平。

4. 建立健全材料计划管理制度

材料计划的有效作用是建立在高质量的材料计划管理基础之上的。要保证计划制度的高质量和施工生产有序高效地运行,材料部门必须建立科学、连续、稳定、严肃的计划指标体系,还要健全计划流转程序和制度。

三、材料计划的分类

1. 按照材料的使用方向划分

按照材料的使用方向不同,材料计划可以分为生产用料计划和基建用料计划。

(1)生产用料计划

生产用料计划是指施工企业所属各类工业企业,如机械制造、制品加工、周转材料生产和维修、建材产品等,为完成计划期的生产任务而提出的产品需用的各类材料计划。其所需材料数量一般按照计划生产某产品的数量和该产品消耗定额通过计算来确定。

(2)基建用料计划

基建用料计划是指建筑施工企业为完成计划期基本建设任务所需的各类材料计划。基建用料计划包括自身基建项目和对外承包基建项目的材料计划,以承包协议、分工范围及供应方式为编制依据。

2. 按照材料计划的用途划分

材料计划按其用途可分为材料需用计划、材料申请计划、材料供应计划、材料加工订货计划和材料采购计划。

(1)材料需用计划

材料需用计划由最终使用材料的施工项目编制,作为最基本的材料计划,为其他计划的编制提供依据。材料需用计划是根据施工生产、维修、制造及技术措施等不同的使用方向,按设计图或施工图等技术资料,结合材料消耗定额逐项计算,列出需用材料的品种、规格、质量和数量并汇总而成的。

(2)材料申请计划

材料申请计划是指根据材料需用计划,经过项目或部门内部平衡后分别向有关供应部门提出材料申请的计划。

(3) 材料供应计划

材料供应计划是指建筑施工企业的材料供应部门为了完成供应任务,组织供需衔接的实施计划,包括材料的品种、规格、数量、质量、使用项目和供应时间等。

(4) 材料加工订货计划

材料加工订货计划是指项目或材料供应部门为获得某种材料或产品向生产厂家订货或委托生产厂家代为加工而编制的一种计划。材料加工订货计划包括供应材料的品种、规格、型号、数量、质量、技术要求和交货时间等,若包括非定型产品,还应附有加工图纸、技术资料,也可由订货项目或部门提供样品。

(5) 材料采购计划

材料采购计划是建筑施工企业为了采购材料而编制的计划,包括材料的品种、规格、数量、质量、预计采购厂商名称及需用资金等。

3. 按照材料计划的期限划分

材料计划按其期限可分为年度计划、季度计划、月度计划、一次性计划和临时追加计划。

(1) 年度计划

年度计划是建筑企业保证全年施工生产任务所需用料的主要材料计划,是企业向国家或地方计划物资部门、经营单位申请分配、组织订货、安排采购和储备提出的计划,也是指导全年材料供应与管理活动的重要依据。因此,年度计划,必须与年度施工生产任务密切结合,计划质量(指反映施工生产任务落实的准确程度)的好与坏,与全年施工生产的各项指标能否实现有着密切的关系。

(2) 季度计划

季度计划是根据企业施工任务的落实和安排的实际情况编制的,用以调整年度计划,具体组织订货、采购、供应;落实各项材料资源,为完成本季施工生产任务提供保证。季度计划中的材料品种、数量一般须与年度计划结合,有增或减的,要采取有效的措施,争取资源平衡或报请上级和主管部门调整计划。如果采取季度分月编制的方法,则需要具备可靠的依据。这种方法可以简化月度计划。

(3) 月度计划

月度计划,是基层单位根据当月施工生产进度安排编制的需用材料计划。它比年度计划、季度计划更细致,要求内容更全面、及时和准确。月度计划以单位工程为对象,按形象进度实物工程量逐项分析计算汇总使用项目及材料名称、规格、型号、质量、数量等,是供应部门组织配套供料、安排运输、基层安排收料的具体行动计划。它是材料供应与管理活动的重要环节,对完成月度施工生产任务,有更直接的影响。凡列入月度计划的施工项目需用材料,都要进行逐项落实,如个别品种、规格有缺口,要采取紧急措施,如借、调、改、代、加工、利库等办法,进行平衡,保证按计划供应。

(4)一次性计划

一次性计划是指根据承包合同或协议书,在规定的时间内完成施工生产阶段或某项生产任务而编制的需用材料计划。若"某项生产任务"是指一个单位工程时,一次性计划又称单位工程材料计划。一次性计划的用料时间,与季度、月度计划不一定吻合,但在月度计划内要列为重点,专项平衡安排。因此一次性计划要提前编制并交与供应部门,并详细说明需用材料的品种、规格、型号、颜色、交货时间等,以使供应部门保证供应。内包工程也可采取签订供需合同的办法。

(5)临时追加计划

临时追加计划是指由于材料、施工技术、设备等各方面的原因,例如设计修改或任务调整,原计划品种、规格、数量等的错漏,施工中采取临时技术措施,机械设备发生故障需及时修复等,需要采取临时措施解决而编制的材料计划。列入临时追加计划的一般是急用材料,要作为重点供应。若出现费用超支或材料超用等,要查明原因,分清责任,办理签证,造成的经济损失由责任方承担。

四、编制材料计划的步骤

施工企业常用的材料计划,是按照计划的用途和执行时间编制的年、季、月的材料需用计划、申请计划、供应计划、加工订货计划和采购计划。在编制材料计划时,应遵循一定的步骤。

第一,各建设项目及生产部门按照材料使用方向、分单位工程做工程用料分析,根据计划期内应完成的生产任务量及下一步生产中需提前加工准备的材料数量,编制材料需用计划。

第二,根据项目或生产部门现有材料库存情况,结合材料需用计划,并适当考虑计划期末周转储备量,按照采购供应的分工,编制项目材料申请计划,分报各供应部门。

第三,负责某项材料供应的部门,汇总各项目及生产部门提报的申请计划,结合供应部门现有资源,全面考虑企业周转储备,进行综合平衡,确定对各项目及生产部门的供应品种、规格、数量及时间,并具体落实供应措施,编制供应计划。

第四,按照供应计划所确定的措施,如:采购、加工订货等,分别编制措施落实计划,即采购计划和加工订货计划,确保供应计划的实现。

五、影响材料计划管理的因素

材料计划的管理过程受到多种因素的制约,处理不当极易影响计划的编制质量和执行效果。影响因素主要来自企业外部和企业内部两个方面。

1. 企业内部影响因素

企业内部影响因素主要是指企业内各部门间的衔接问题。例如生产部门提供的生产计划，技术部门提出的技术措施和工艺手段，劳资部门下达的工作量指标等，只有及时提供准确的资料，才能使计划制定有依据而且可行。同时，要经常检查计划执行情况，发现问题及时调整。计划期末必须对执行情况进行考核，为总结经验和编制下期计划提供依据。

2. 企业外部影响因素

企业外部影响因素主要表现在材料市场的变化因素及与施工生产相关的因素。如材料政策因素、自然气候因素等。材料部门应及时了解和预测市场供求及变化情况，采取措施保证施工用料的相对稳定。掌握气候变化信息，特别是对冬、雨季期间的技术处理，劳动力调配，工程进度的变化调整等均应做出预计和考虑。

编制材料计划应实事求是，积极稳妥，不断提高计划制定水平，保证计划切实可行；执行中应严肃、认真，为达到计划的预期目标打好基础。定期检查和指导计划的执行，提高计划的执行水平，考核材料计划执行的情况及效果，可以有效地提高计划管理水平，增强材料计划的控制功能。

第二节　材料计划的编制

一、材料计划的编制原则

1. 综合平衡的原则

综合平衡包括供求平衡，产需平衡，各供应渠道间的平衡和各施工单位间的平衡等，是材料计划管理工作的一个重要内容。坚持综合平衡的原则，可以按计划做好控制协调工作，促进材料的合理使用。

2. 实事求是的原则

编制材料计划必须坚持实事求是的原则，实事求是体现材料计划的科学性。深入调查研究，掌握正确数据，可以使材料计划可靠合理。

3. 留有余地的原则

编制材料计划不能只求保证供应，而盲目扩大储备，造成材料积压；也不能存在缺口，造成供应脱节，影响生产。只有做到供需平衡，略有余地，才能确保供应。

4. 严肃性和灵活性统一的原则

材料计划对供、需两方面都有严格的约束作用,同时建筑施工受多种主客观因素的制约,不可避免地出现一些变化情况,所以在执行材料计划中,既要求严肃性,又要适当重视灵活性,只有做到严肃性和灵活性的统一,才能保证材料计划的有效实施。

综上所述,在编制材料计划过程中应做到实事求是,积极稳妥,使计划切实可行;执行过程中要严肃认真,打好基础,定期检查和指导计划执行,不断考核材料计划的完成情况和效果。

二、材料计划的编制程序和方法

1. 编制材料计划的准备工作

(1) 要有正确的指导思想

建筑企业的施工生产活动与国家各个时期国民经济的发展,有着密切的联系,为了很好地组织施工,必须学习党和国家有关方针政策,掌握上级有关材料管理的经济政策,使企业材料管理工作,沿着正确方向发展。

(2) 收集资料

编制材料计划要建立在可靠的基础上,首先要收集各项有关资料数据,包括上期材料消耗水平,上期施工作业计划执行情况,摸清库存情况,以及周转材料、工具的库存和使用情况等。

(3) 了解市场信息

市场资源是目前建筑企业解决需用材料的主要渠道,编制材料计划时必须了解市场资源情况,市场供需状况,是组织平衡的重要内容,不能忽视。

2. 编制材料需用计划

编制材料需用计划,材料部门要与生产、技术部门相配合,掌握施工工艺,了解施工技术组织方案,仔细阅读施工图纸;根据生产作业计划下达的工作量,结合图纸及施工方案,计算施工实物工程量;查材料消耗定额,计算生产所需的材料数量,完成工料分析;将分项工程工料分析中不同品种、规格、数量的材料需用量进行汇总,编制材料需用计划。所以编制材料需用计划时最重要、最关键的工作是确定材料需用量。

(1) 计算材料需用量

1) 计划期内工程材料需用量的计算

计划期内工程材料的需用量可以采用直接计算法和间接计算法两种方法进行计算。

①直接计算法

直接计算法一般以单位工程为对象进行编制。在施工图纸到达并经过会审后,根据施工图计算分部分项实物工程量,并结合施工方案与措施,套用相应的材料消耗定额编制材料分析表,按分部进行汇总,编制单位工程材料需用计划;或者按施工部位要求和形象进度,编制季、月需用计划。直接计算法的公式如下:

某种材料计划需用量=建筑安装实物工程量×某种材料消耗定额

式中"材料消耗定额"根据使用对象不同分为施工定额和(概)预算定额。如企业内部编制施工作业计划,向单位工程承包负责人和班组实行定包供应材料,作为承包核算基础,应采用施工定额计算材料需用量。如编制施工图预算向建设单位、上级主管部门和物资部门申请计划分配材料指标、作为结算依据或据以编制订货、采购计划,则应采用(概)预算定额计算材料需用量。

②间接计算法

当工程任务已经落实,但设计尚未完成,技术资料不全时;或者有的工程甚至初步设计还没有确定,只有投资金额和建筑面积指标,不具备直接计算的条件时,可采用间接计算法。根据初步摸底的任务情况,按概算定额或经验定额分别计算材料用量,编制材料需用计划,作为备料依据。

凡采用间接计算法编制备料计划的,在施工图到达后,应立即用直接计算法核算材料实际需用量,进行调整。

间接计算法的具体做法有两种。

一种是已知工程类型、结构特征及建筑面积的项目,选用同类型按建筑面积平方米消耗定额计算,其计算公式如下:

某材料计划需用量=某类型工程建筑面积×该类型工程每平方米建筑面积某材料消耗定额×调整系数

另外一种是工程任务不具体,如企业的施工任务只有计划总投资,则采用万元定额计算。采用这种方法需要注意的是,由于材料价格浮动较大,计算时必须查清单价及其浮动幅度,折成系数调整,否则误差较大。其计算公式如下:

某材料计划需用量=工程任务计划总投资×每万元工作量某种材料消耗定额×调整系数

2)周转材料需用量的计算

周转材料的特点在于周转,计算周转材料需用量时,首先根据计划期内的材料分析确定总需用量,然后结合工程特点,确定计划期内周转次数,再计算周转材料的实际需用量。

周转材料需用量=某计划期内周转材料的总需用量/计划期内周转次数

3）施工设备和机械制造的材料需用量计算

建筑企业自制施工设备，一般没有健全的定额消耗管理制度，而且产品也是非定型居多，所以可按各项具体产品，采用直接计算法计算材料需用量。

4）辅助材料及生产维修用料的需用量计算

辅助材料及生产维修用料的用量较小，有关统计和材料定额资料也不齐全，其需用量可采用间接计算法计算。

材料需用量＝（报告期内实际消费量/报告期内实际完成工程量）×本期计划工程量×增减系数

（2）确定材料实际需用量

根据各工程项目计算的需用量，进一步核算实际需用量。实际需用量的计算公式如下：

$$实际需用量＝计划需用量\pm调整因素$$

实际需用量的核算是根据材料种类和特性做出适当调整。

对于一些通用性材料，在工程进行初期阶段，考虑到可能出现的施工进度超额因素，一般都略加大储备，其实际需用量需要略大于计划需用量；在工程竣工阶段，为防止工程竣工而材料积压，一般是利用库存控制进料，这时的实际需用量要略小于计划需用量。

对于一些特殊材料，为保证工程质量，往往要求一次进料，所以计划需用量虽只是一部分，但在申请采购中往往是一次购进，这样实际需用量就要大大增加。

3. 编制材料申请计划

需要上级供应的材料，应编制申请计划。编制申请计划要结合项目库存量，计划周转储备量，计算材料的申请量。计算公式如下：

$$材料申请量＝实际需用量＋计划储备量－期初库存量$$

4. 编制材料供应计划

材料供应计划综合性强，涉及面广，是材料计划的实施计划，是指导材料供应业务活动的具体行动计划。材料供应部门应对用料单位提报的申请计划根据生产任务进行核实，根据各种资源渠道的供货情况、储备情况，进行总需用量与总供应量的平衡，明确供应措施，编制对各用料单位或项目的供应计划。

（1）核实需用计划和申请计划

编制材料供应计划之前，应认真核实汇总各工程单位或项目的材料申请量是否合乎实际，定额采用是否合理；了解编制计划所需的技术资料是否齐全，材料需用时间、到货时间与生产进度安排是否吻合，品种、规格能否配套等。

(2) 预计计划期初库存量

由于计划编制工作提前进行,从编制计划时间到计划期初的这段预计期内,材料的收发仍然不断,因此预计计划期初库存量十分重要。一般采用下式计算:

期初预计库存量＝编制计划时的实际库存量＋预计期内计划收入量－预计期内计划发出量。

计划期初库存量预计的正确与否,影响着平衡计算供应量和计划期内的供应效果。预计不准确,少了将造成数量不足、供需脱节而影响施工;多了会造成材料积压和资金超占。正确预计期初库存量,必须认真核实现场库存的实际资源、调剂拨入、调剂拨出、进货周期、采购收入、在途材料、待验收材料以及施工进度预计消耗等数据。

(3) 计算计划期末周转储备量

计划期末周转储备量是根据生产安排和材料供应周期计算的。合理地确定材料周转储备量,即计划期末的库存量,是为下一期合理的期初库存量做好准备。要根据供求情况的变化、市场信息等,合理计算间隔天数,以求得合理的储备量。

(4) 确定材料供应量

材料供应量是编制材料供应计划的四要素之一。计算公式如下:

　　材料供应量＝材料申请量－计划期初库存量＋计划期末周转储备量

(5) 确定供应措施

根据材料供应量和可能获得资源的渠道,确定供应措施,如建设单位供料、采购、利用库存、改制代用、加工等,并与资金进行平衡,保证材料计划的实施。

材料供应计划参考表式见表 3-1。

表 3-1　材料供应计划参考表式

材料名称	规格质量	计量单位	期初库存	计划申请量			计划期末周转储备	供应合计	其中:供应措施				备注
				合计	其中				采购	甲方供料	加工制作	利用库存	申请	
					×项目	×项目								

5. 编制材料采购计划及加工订货计划

在供应计划中所明确的供应措施,必须有相应的实施计划。材料采购及加工订货计划是材料供应计划的具体落实计划,二者没有本质的区别。通常施工生产用的标准产品或通用产品使用采购计划,而非标准产品、加工原料具有特殊要求,需在标准产品基础上改变某项指标或功能而不改变使用部位等则采用加工订货计划。

(1)了解供应项目需求特点及质量要求,确定采购及加工订货材料的品种、规格、质量和数量,了解材料的使用时间,以确定加工周期和供应时间。

(2)确定加工图纸或加工样品,并提出具体加工要求。如果必要,可由加工厂家先期提供加工试验品,在需用方认同情况下再批量加工。

(3)按照施工进度和经济批量的确定原则,确定采购批量,同时确定采购及加工订货所需资金及到位时间。

材料采购及加工订货计划的主要内容见表 3-2。

表 3-2 采购(加工订货)计划参考表式

材料名称	规格质量	计量单位	需用数量	需用时间	采购批量	需用资金

第三节 材料计划的实施

材料计划的编制是材料计划管理工作的开始,而更重要的工作还是在材料计划编制以后,就是材料计划的实施。材料计划的实施,是材料计划工作的关键。

一、组织材料计划的实施

材料计划工作以材料需用计划为基础,以材料供应计划为主导。采购、供应、运输、财务等各部门是一个整体。材料计划的落实,可使企业材料系统的各部门了解本系统的总目标和本部门的具体任务,了解各部门在完成任务中的相互关系,组织各部门从满足施工需要总体要求出发,采取有效措施,保证各自任务的完成,从而保证材料计划的实施。

二、协调材料计划实施中出现的问题

材料计划在实施中常因受到内部或外部的各种因素的干扰,影响材料计划的实现。材料计划的实施过程中,经常会出现的问题主要有以下几种。

1. 施工任务的变化

计划实施中施工任务的变化主要是指临时增加或削减任务量等，一般是由于国家基建投资计划的改变、建设单位计划的改变或施工力量的调整等。任务改变后，材料计划应作相应调整，否则就要影响材料计划的实现。

2. 设计的变更

施工准备阶段或施工过程中，往往会遇到设计变更，影响材料的需用品种、规格和数量，这种情况下必须及时采取措施，进行协调，尽可能减少影响，以保证材料计划的执行。

3. 采购情况的变化

到货合同或生产厂的生产情况发生变化，突发性的资源短缺或价格上涨，都会影响材料的及时供应。

4. 施工进度的变化

施工进度发生变化是影响材料计划的常见因素。施工进度的提前或推迟，都会影响到材料计划的正确执行。

5. 解决问题的方法

在材料计划发生变化的情况下，要加强材料部门的协调作用，做好以下几项工作，将这些变化造成的损失降到最低。

（1）关注施工生产的进度安排和变化调整，在企业内部有关部门之间进行协商，及时统一修正意见，采取应对措施，对施工生产计划和材料计划进行必要的修改。

（2）挖掘内部潜力，利用库存储备解决临时供应不及时的矛盾。

（3）利用市场调节的有利因素，及时向市场采购。同供料单位协商临时增加或减少供应量，与有关单位进行余缺调剂。

要做好协调工作，必须掌握设计单位和建设施工单位的变化意图和调整方案，掌握生产动态，了解材料系统各个环节的工作进程，一般通过统计检查，实地调查，信息交流等方法，检查各有关部门对材料计划的执行情况，及时调整，以保证材料计划的实施。

三、建立材料计划分析和检查制度

为了及时发现材料计划实施过程中的问题，保证计划的全面、有效地完成，建筑企业应从上到下按照计划的分级管理职责，以计划实施反馈信息为基础，进行计划的检查与分析。

1. 现场检查制度

基层领导人员应经常深入施工现场,随时掌握生产进行过程中的实际情况,了解工程进度是否正常,资源供应是否及时、合理,各专业队组是否达到定额及完成任务质量的好坏,做到及早发现问题,及时解决问题,并向上一级据实反映。

2. 定期检查制度

建筑企业各级组织机构应有定期的生产会议制度,检查与分析计划的完成情况。通过这些会议检查分析工程进度、资源供应、各专业队组完成定额的情况等,做到统一思想、统一目标,及时解决各种问题。

3. 统计检查制度

统计是企业经营活动的各个方面在时间和数量方面的计算和反映,是检查企业计划完成情况的有力工具。统计可以为各级计划管理部门了解情况、做出决策、指导工作等提供可靠的数据和信息。通过统计报表和文字分析,及时准确地反映计划完成的程度和计划执行中出现的问题,暴露基层施工中的薄弱环节,是揭示矛盾、改进措施、跟踪计划和分析施工动态的依据。

四、计划的变更和修订

材料计划本身的性质决定了它的多变性,材料计划的变更和修订是正常的、常见的。一些主、客观条件的变化都会引起原计划的变更。由于计划编制人员的认识能力和客观条件的差异,所编制出的计划的质量也会存在差异,当发现计划和实际存在脱节时,一定要立即调整。材料计划涉及面广,当与之有联系的某一部门、地区或企业有变时,材料资源和需要也会发生变化。要维护计划的严肃性,使其更加符合实际,必须对计划进行及时的调整和修订。

1. 需要变更或修订材料计划的具体情况

实践证明,材料计划变更主要是由施工生产任务的变更引起的。其他变更对材料计划当然也有一定影响,但远小于生产和基建计划的变更影响。

(1)设计变更

设计变更对材料计划的变更影响最大,主要体现在基本建设、项目施工、工具和设备修理过程中。

基本建设过程中,由于图纸和技术资料尚不齐全,只能按匡算需要编制材料计划,待图纸和资料到齐后,就需要调整材料计划来修正材料实际需要与原匡算需要的出入。另外,由于现场地质条件及施工中可能出现的变化因素导致需要改变结构和设备型号等,材料计划也需要调整。

项目施工过程中,由于施工技术的革新、材料品种的增加、用户新意见的提出等,所需材料的品种和数量等将发生变化,材料计划的调整不可避免。

另外,在工具和设备修理过程中,由于所需材料的难以预计性导致的实际修理需要的材料与原计划中申请材料的出入也需要调整原来的材料计划。

(2)工艺变更

工艺变更是设计变更的必然结果,会引起需用材料的变更。若设计不变,工艺也可能发生变更,而加工方法、操作方法和材料消耗也随之改变,因此材料计划需要做相应的调整。

(3)任务量变更

施工生产的任务量是确定材料需用量的主要依据之一,任务量的变更会相应地引起需用材料的追加和减少。在编制材料计划时,不可能将计划任务变动的各种因素都考虑在内,只有问题出现后,调整原计划来解决。

另外,计划初期预计库存不正确,材料消耗定额改变,计划有误等,都会引起材料计划的变更。

2. 材料计划的变更及修订

材料计划的变更及修订主要有三种方法:全面调整或修订,专案调整或修订和临时调整或修订。

(1)全面调整或修订

当某些原因,如自然灾害、战争或者经济调整等,导致材料资源和需要都发生了重大变化时,需要进行全面调整和修订。

(2)专案调整或修订

当某些原因,如某项任务量的突然增减、工程施工的提前或延后、生产建设中的突发状况等,导致局部资源和需要发生了较大变化,需要进行专案调整或修订。一般用分配材料安排或当年储备解决,必要时调整供应计划。专案调整属于局部性调整。

(3)临时调整或修订

生产和施工过程中不可避免地会发生一些临时变化,这时必须做临时调整,主要通过调整材料供应计划来解决。临时调整也属于局部性调整。

3. 材料计划的变更及修订中应注意的问题

材料计划的变更及修订工作中有许多应该注意的问题,总的来说,体现在以下几个方面。

(1)维护计划的严肃性,调整计划过程中必须实事求是

在执行材料计划的过程中,实际情况的不断变化决定了计划并不是一成不变的,但是要对计划进行变更及修订,不能无视计划的严肃性。不能机械地维持原计划,也不能违反计划、用计划内材料搞计划外项目。要在维护计划的严肃性

的同时,坚持计划的原则性和灵活性的统一,实事求是地调整和修订计划。

(2)权衡利弊,最小限度的调整计划

计划经过调整或修订后,必然或多或少地造成一些损失,所以当计划需要变更时,一定要权衡利弊,在满足新的材料需求的前提下最小限度地调整原计划,将损失降到最低。

(3)及时掌握材料需求、消耗及供应情况,便于调整计划

材料部门要做好材料计划的调整和修订工作,必须掌握计划任务安排和落实情况,了解生产建设任务和基本建设项目的安排与进度,了解主要设备和关键材料的准备情况和一般材料的需求落实情况,发生出入应及时调整。另外,掌握材料的消耗和供应情况,加强材料定额管理,控制发料,防止由于超定额用料而追加申请量;掌握库存和运输途中的材料动态及供方能否按时交货等。总之,只有做到需用清楚、消耗清楚和资源清楚,才能做好材料计划的变更和修订工作。

(4)妥善处理、解决变更和修订材料计划中的相关问题

材料计划的调整或修订过程中,追加或减少的材料,一般以内部平衡调剂为原则,追加或减少的部分内部不能解决的,由负责采购或供应的部门协调解决。特别应该注意的是,要防止在调整计划的过程中拆东墙补西墙,冲击原计划的做法。没有特殊原因,追加材料应通过机动资源和增产解决。

五、考评材料计划的执行水平

考评材料计划的执行水平或效果,应该有一个科学的考评方法。

建立一个完整的材料计划指标体系,需要包括几项重要指标:采购量及到货率、供应量及配套率、自有运输设备的运输量、占用流动资金及其周转次数、材料成本的降低率和三大材料的节超量及节超率,以上各个指标的具体考评办法详见指标涉及各章节。

通过这些指标的考评,激励各部门积极、认真地实施材料计划。

第四章 材料采购管理

第一节 材料采购概述

一、材料采购的概念

建筑企业材料管理的四大业务环节包括采购、运输、储备和供应,其中采购是首要环节,是其他环节的前提和保障。材料采购,就是通过各种渠道,把建筑施工生产所需的各种材料购买进来,以保证施工生产的顺利进行。

二、材料采购应遵循的原则

要经济合理地选择采购对象和采购批量,按质、按量、按时进入使用现场,保证生产,充分发挥材料使用效能,提高产品质量,降低工程成本,材料采购必须遵循一定的原则。

1. **遵守法律法规的原则**

材料采购是运输、储备和供应三大环节的基础,直接影响施工生产质量和工程进度。材料采购必须遵守国家的有关法律法规,以物资管理政策和经济管理法令指导采购。采购人员必须熟悉合同法、税务管理、财会制度以及工商行政管理部门的有关规定。

2. **按计划采购的原则**

采购计划要根据施工生产需用来制定,按照生产进度安排采购的时间、品种、规格和数量,可以减少资金占用,避免盲目采购而造成积压,发挥资金最大效益。

3. **坚持"三比一算"的原则**

材料采购直接关系到工程成本,要节约工程成本,采购环节就必须遵循"三比一算"的原则,即比质量、比价格、比运距、算成本,在满足工程质量要求的条件下,运用价格低、距离近的采购对象,降低采购成本。

三、建筑材料采购的范围

建筑材料采购的范围包括建设工程所需的大量建材、工具用具、机械设备和电气设备等,大致可以划分为以下几大类。

1. 工程用料

工程用料包括土建、水电设施及其他一切专业工程的用料。

2. 暂设工程用料

暂设工程用料包括工地的活动房屋或固定房屋的材料、临时水电和道路工程及临时生产加工设施的用料。

3. 周转材料和消耗性用料

4. 机电设备

机电设备包括工程本身的设备和施工机械设备。

5. 其他

除上述四类以外,建筑施工生产中还会用到其他一些设备,如办公家具、仪器等。

四、影响材料采购的因素

流通环节的不断发展,社会物资资源渠道增多,企业内部项目管理办法的普遍实施等,使材料采购受企业内、外诸多因素的影响。在组织材料采购时,应综合各方面各部门利益,保证企业整体利益。

1. 企业外部因素

(1)资源渠道因素

按照物资流通经过的环节,资源渠道一般包括三类:一是生产企业,这一渠道供应稳定,价格较其他部门和环节低,并能根据需要进行加工处理,因此是一条较有保证的经济渠道;二是物资流通部门,特别是属于某行业或某种材料生产系统的物资部门,资源丰富,品种规格齐备,对资源保证能力较强,是国家物资流通的主渠道;三是社会商业部门,这类材料经销部门数量较多,经营方式灵活,对于解决品种短缺起到良好的作用。

(2)供方因素

供方因素即材料供方提供资源能力的影响。在时间、品种、质量及信誉上能否保证需方所求,是考核供应能力的基本依据。采购部门要定期分析供方供应水平并做出定量考核指标,以确定采购对象。

(3)市场供求因素

在一定时期内供求因素是经常变化的,造成变化的原因涉及工商、税务、利率、投资、价格、政策等诸多方面。掌握市场行情,预测市场动态是采购人员的任务,也是在采购竞争中取胜的重要因素。

2. 企业内部因素

(1)施工生产因素

建筑施工生产程序性、配套性强,物资需求呈阶段性。材料供应按批量采购与零星采购交叉进行。由于设计变更、计划改变及施工工期调整等因素,使材料需求非确定因素较多。各种变化都会波及材料需求和使用。采购人员应掌握施工规律,预计可能出现的问题,使材料采购适应生产需用。

(2)储存能力因素

批量采购受到料场、仓库堆放能力的限制,采购批量的大小也影响着采购时间间隔。根据施工生产平均每日需用量,在考虑采购间隔时间、验收时间和材料加工准备时间的基础上,确定采购批量及采购次数等。

(3)资金的限制

批量采购是以满足施工生产需用为主要目标的,但资金的限制也将影响采购批量,需要相应地增减采购次数。当资金缺口较大时,可按缓急程度分别采购。

除上述影响因素外,采购人员自身素质、材料质量等对材料采购也有一定的影响。

五、材料采购决策

(1)确定采购材料的品种、规格、质量。

(2)确定计划期的采购总量。

(3)选择供应渠道及供应单位。

(4)选择采购的形式和方法。

(5)确定采购批量。采购批量通常指一次采购的数量,以施工生产为前提,综合企业储备能力和资金支付能力来确定。企业一般可按照材料流通经过的环节最少、运输方式最优或采购费用与保管费用之和最低来选择经济批量。

(6)确定采购时间和进货时间。

以上各项,主要由材料计划部门,以施工生产的需要为基础,根据市场反馈信息,进行比较分析,综合决策,会同采购人员制定采购计划,及时展开采购工作。

六、材料采购管理模式

目前,在一些实行项目承包或项目经理负责制的企业,都存在着不分材料品种、不分市场情况而盲目争取采购权的问题;企业内部公司、工区(处)、施工队、施工项目以及零散维修用料、工具用料均自行采购。这种做法虽然可以调动各部门的积极性,但也存在着影响企业发展不利的一面。合理的对材料采购业务进行分工,选择合理适用的采购管理模式,应考虑企业机构设置、业务分工及经济核算体制。

采购管理模式的确定并非唯一的、不变的,应该以保证企业整体利益为前提,根据具体情况具体分析、确定。一定时期内,是分散采购还是集中采购,是由国家物资管理体制和社会经济形势及企业内部管理机制决定的。采购管理模式由于企业类型的不同,生产经营规模的不同,甚至承揽工程的不同而不同。我国建筑施工企业主要有三种类型,包括现场型、城市型和区域型。

1. 现场型施工企业

现场型施工企业一般规模相对较小或相对于企业经营规模而言承揽的工程任务相对较大。企业材料采购部门与建设项目联系密切,这种情况应选择集中采购。一方面减少项目采购工作量,形成采购批量;另一方面有利于企业对施工项目的管理和控制,提高企业管理水平。

2. 城市型施工企业

城市型施工企业是指在某一城市或地区内经营规模较大,施工力量较强,承揽任务较多的企业。这类企业机构健全,企业管理水平较高,且施工项目多在一个城市或地区内分布,企业整体经营目标一致,比较适宜采用统一领导分级管理的采购模式。主要材料、重要材料及利于综合开发的材料资源采取统一筹划,形成较强的采购能力和开发能力,适宜与大型材料生产企业协作,可以保证稳定资源、稳定价格,还可以保证工程用料,特别是当市场供小于求时尤其显著。一般材料由基层材料部门或施工项目部自行安排,分散采购。这样做既调动了各部门积极性,又保证了整体经济利益;既能发挥各自优势,又能抵御市场带来的冲击。

3. 区域型施工企业

区域型施工企业一般指经营规模庞大,能够承揽跨省、跨地区甚至跨国项目,或者从事某区域内专业项目建设施工任务的企业。这类企业技术力量雄厚,但施工项目和人员分散,因此其采购模式要视其所在地区承揽的项目类型和采购任务而定,采购方式灵活多样。往往是集中采购与分散采购配合进行,分散采购和联合采购并存。

第二节 材料采购方式

采购方式是采购主体获取资源或物品、工程、服务的途径、形式与方法。采购方式的选择主要取决于企业制度、资源状况、环境优劣、专业水准、资金情况及储运水平等。当然,采购方式不仅仅是单一的、绝对的概念,它在实施过程中相互交融,实现一个完整的采购活动。在一个寻求发展,追求创新,对资产负责的环境中,采购已不仅仅是为了补充库存,它还可以为企业创造利润。目前人们对采购的认识正处于从满足库存到实现订单,再到资源管理;从执行任务到实现利润,再到争取市场的思想转变过程之中,采购方式愈来愈引起各国企业的重视。

采购方式很多,划分方法也不尽相同。这里我们将依据采购方式的发展历程,从集中采购与分散采购、现货采购与远期合同采购、直接采购与间接采购、招标采购和网上采购等不同的角度,较全面客观地对采购方式加以分析研究。

一、集中采购与分散采购

1. 集中采购

集中采购是指企业在核心管理层建立专门的采购机构,统一组织企业所需物品的采购进货业务。

集中采购的特点是采购量大,过程长,手续多;集中度高,决策层次高;支付条件宽松,优惠条件增多;专业性强,责任加大。集中采购适用于大宗或批量物品,价值高或总价多的物品,关键零部件、原材料或其他战略资源,保密程度高、产权约束多的物品的采购。

集中采购有利于获得采购规模效益,降低进货成本和物流成本,争取经营主动权。有利于发挥业务职能特长,提高采购工作效率和采购主动权。易于稳定本企业与供应商之间的关系,得到供应商在技术开发、货款结算、售后服务等诸多方面的支持与合作。

2. 分散采购

与集中采购相对应,分散采购是由企业下属各单位实施的满足自身生产经营需要的采购。这是集团将权力下放的采购活动。分散采购是集中采购的完善和补充,有利于采购环节与存货、供料等环节的协调配合,有利于增强基层工作责任心,使基层工作富有弹性和成效。

分散采购的特点是批量小或单件,且价值低、开支少;过程短、手续简、决策层次低;问题反馈快、针对性强、方便灵活;占用资金小、库存空间小、保管简单、方便。分散采购适用于采购小批量、单件、价值低的物品,市场资源有保证、易于送达、物流费用较少的物品。

二、现货采购与远期合同采购

1. 现货采购

现货采购是指经济组织与物品或资源持有者协商后,即时交割的采购方式。这是最为传统的采购方式。现货采购方式是银货两清,当时或近期成交,方便、灵活、易于组织管理,能较好地适应需要的变化和物品资源市场行情的变动。

现货采购的特点是即时交割;责任明确;灵活、方便、手续简单,易于组织管理;无信誉风险;对市场的依赖性大。

现货采购的适用范围:

(1)企业生产和经营临时需要;
(2)企业新产品开发或研制需要;
(3)设备维护、保养或修理需要;
(4)设备更新改造需要;
(5)企业生产用辅料、工具、卡具、低值易耗品;
(6)通用件、标准件、易损件、普通原材料及其他常备资源。

2. 远期合同采购

远期合同采购是供需双方为稳定供需关系,实现物品均衡供应,而签订的远期合同采购方式。它通过合同约定,实现物品的供应和资金的结算,并通过法律和供需双方信誉与能力来保证约定交割的实现。这一方式只有在商品经济社会,具有良好的经济关系、法律保障和企业具有一定的信誉和能力的情况下得以实施。

远期采购合同的特点是时效长;价格稳定;交易成本及物流成本相对较低;交易过程透明有序,易于把握,便于民主科学决策和管理;可采取现代采购方法和其他采购方式来支持。

远期采购合同的适用范围:

(1)企业生产和经营长期的需要,以主料和关键件为主;
(2)科研开发与产品开发进入稳定成长期以后;
(3)国家战略收购、大宗农副产品收购、国防需要等及其储备。

三、直接采购与间接采购

从采购主体完成采购任务的途径来区分,采购方式可分为直接采购和间接采购,这种划分便于企业深入了解与把握采购行为,为企业提供最有利、最便捷的采购方式,使企业始终掌握竞争的主动权。

1. 直接采购

直接采购是指采购主体自己直接向物品制造厂采购的方式。一般指企业从物品源头实施采购,满足生产所需。目前,绝大多数企业均使用此类采购方式,满足自身生产的需要。

直接采购方式的优点是环节少,时间短,手续简便,意图表达准确,信息反馈快,易于供需双方交流、支持、合作及售后服务与改进。直接采购一般用于生产性原材料、元器件等主要物品采购及其他辅料、低值易耗品。

2. 间接采购

间接采购是指通过中间商实施采购行为的方式,也称委托采购或中介采购,主要包括委托流通企业采购和调拨采购。靠有资源渠道的贸易公司、物资公司等流通企业实施,或依靠专门的采购中介组织执行。

调拨采购是计划经济时代常用的间接采购方式,是由上级机关组织完成的采购活动。目前除非物质紧急调拨或执行救灾任务、军事任务,否则一般均不采用。

间接采购的优点是充分发挥工商企业各自的核心能力;减少流动资金占用,增加资金周转率;分散采购风险,减少物品非正常损失;减少交易费用和时间,从而降低采购成本。间接采购适合于业务规模大、盈利水平高的企业;需方规模过小,缺乏能力、资格和渠道进行直接采购;没有适合采购需要的机构、人员、储备设施的企业。

四、招标采购

招标采购是现代国际社会通用的采购方式,它能够做到过程的公开透明、开放有效、公平竞争,有利于促进企业、政府降低采购成本;同时,也能促进人类社会文明、进步、健康的发展。国际上四大采购规则,即《联合国采购示范法》、《WTO政府协议》、《欧盟采购指令》、《世界银行采购指南》均主张或倾向于采用招标采购这种采购方式。

1. 招标采购的概念与分类

招标是一种特殊的交易方式,按照订立合同的特殊程序,有广义、狭义之分。广义的招标是指招标人发出招标公告或通知,邀请潜在的投标商进行投标,最后让招标人通过对各投标人提出的规格、质量、交货期限及该投标企业的技术水平、财务状况等因素进行综合比较,确定其中最佳的投标人为中标人,并与之签订合同的过程。狭义的招标是指招标人根据自己的需要提出一定的标准或条件,向指定投标商发出投标邀请的行为,即邀请招标。

根据招标范围可将采购方式统一规范为公开招标采购、选择性招标采购和限制性招标采购。

(1)公开招标采购

公开招标采购是指通过公开程序,邀请所有有兴趣的供应商参加投标的采购方法。

(2)选择性招标采购

选择性招标采购是指通过公开程序,邀请供应商提供资格文件,只有通过资格审查的供应商才能参加后续招标;或者通过公开程序,确定待定采购项目在一定期限内的候选供应商,作为后续采购活动的邀请对象。

(3)限制性招标

限制性招标是指不通过预先刊登公告程序,直接邀请一家或两家以上的供应商参加投标。实行限制性招标采购方式,必须具备相应的条件。这些条件包括:公开招标或选择性招标后没有供应商参加投标;无合格标,供应商只有一家,无其他替代选择;出现了无法预见的紧急情况,向原供应商采购替换零配件;因扩充原有采购项目需要考虑到配套要求;属于研究用的试验品、试验性服务或追加工程;必须由原供应商办理,且金额未超过原合同金额的50%,与原工程类似的后续工程,并在第一次招标文件已作规定的采购等。

2. 招标采购的特点

(1)公开性

公开性是指整个采购程序都在公开情况下进行的。公开发布投标邀请,公开开标,公示招标、投标结果,投标商资格审查标准、最佳投标商评选标准要事先公布,采购法律也要公开。

(2)竞争性

招标的竞争性充分体现了现代竞争的平等、信誉、正当和合法等基本原则。采购单位通过招标程序,可以最大限度地吸引和扩大投标人的竞争,从而使招标方有可能以更低的价格采购到所需的物品或服务,充分地获得市场利益,有利于其经济效益目标的实现。

(3)公平性

所有感兴趣的供应商、承包商和服务提供者都可以进行投标,并且其地位一律平等,不允许对任何投标商进行歧视。评选中标商应按事先公布的标准进行。投标是一次性的,并且不准同投标商进行谈判。所有这些措施既保证了招标程序的完成,又可以吸引优秀的供应商来竞争投标。

3. 招标采购的范围

(1)采购量足以吸引投标人参标。

(2)应用于企业及政府、军队、事业单位和联合国总部等公共部门。

五、网上采购

网上采购是指以计算机技术、网络技术为基础,以电子商务软件为依据,以Internet为纽带,以EDI电子商务支付工具及电子商务安全系统为保障的即时信息交换与在线交易的采购活动。

网上采购的优点是提高了通信速度;加强了信息交流,任何企业都可以将其信息上网供客户查询,克服了电话查询信息不够全面、不直观、不灵活的特点;降低了成本,网上采购可以降低通信费用、管理费用和人员开销;加强了联系,提高了服务质量;服务时间延长,可提供每天24小时的全天候服务;增强了企业的竞争力,任何企业,无论大小,在网站上都是一个页面,面对相同的市场,都处于平等的竞争条件下。

第三节 材料、设备采购招标

一、材料、设备采购招标的基本知识

材料设备的价格在整个工程造价中占有很大比例,材料设备的采购与控制涉及建设单位的经济利益,它也与工程造价有直接的关系,材料设备的质量和使用关系到建筑结构的安全性、适用性、耐久性、环境适应性以及与周边环境的协调性等,因此,对材料、设备采购招标环节的控制是工程造价控制的一个主要环节。

1. 采购的主要内容

工程材料、设备采购是指采购工程施工所需的材料、设备包括工程实体材料、施工机具设备等,通过向供货商询价,或通过招标的方式,邀请若干供货商通过投标报价进行竞争,采购人从中选择优胜者与其达成交易协议,随后按合同实现标的。建筑工程物资采购主要是指建筑材料、设备的采购,其采购范围和内容如下。

(1)工程用料。包括土建及其他专业工程用料。

(2)施工用料。周转使用的模板、脚手架、工具、安全防护网以及消耗性用料,如焊条、电石、氧气、铁丝等。

(3)暂设工程用料。工地的活动房屋或固定房屋的材料、临时水电和道路工

程及临时生产加工设施用料。

(4)工程机械。各类土方机械、打桩机械、混凝土搅拌机械、起重机械、钢筋焊接机械、塔吊及维护备件等。

(5)正式工程中的机电设备。建筑过程中的电梯、自动扶梯、备用电机、空气调节设备、水泵等。

(6)其他辅助设备。包括办公家具、器具和昂贵试验设备等。

2. 采购的方式

采购建设工程材料、设备时选择供应商并与其签订物资购销合同的形式有如下几种：

(1)通过招标选择供应商

这种方式适用于大批材料、较重要或昂贵的大型机具设备、工程项目中的生产设备和辅助设备。可采用的方式有如下几种：

1)公开招标。这种招标方式与选择施工、监理单位的公开招标基本程序和方法大致相同，但必须遵循国家发改委和六部委发布的《工程建设项目货物招标投标办法》和《工程建设项目招标范围和规模标准规定》确定的范围。

2)邀请招标。这种招标方式与选择施工、监理单位的邀请招标基本程序和方法大致相同，但必须遵循国家发改委和六部委发布的《工程建设项目货物招标投标办法》和《工程建设项目招标范围和规模标准规定》确定的范围。

3)国际招标。和国内招标一样，也分为竞争性招标和邀请招标，其实质与含义与国内公开招标和邀请招标基本相同。这种方式是根据国际惯例和我国招标投标的特点，在招标投标工作长期的实践中形成的，符合我国国情。这里不再赘述。

4)两阶段招标。国家六部委《工程建设项目货物招标投标办法》规定，对无法精确拟定技术规格的招标货物，招标人可以采用两阶段招标法进行招标。两阶段招标的第一阶段采用公开招标方式，产生结果后，剔除招标文件规定的不符合条件者，将剩余合格者纳入第二阶段再行招标的一种招标方式。

(2)竞争性谈判

竞争性谈判是指采购方与供应商通过谈判、协商一致来促成采购交易的方法。它有以下特点：

1)通过谈判来达成协议，竞争性不强，国外通常称为非竞争性招标。

2)被邀请对象，无须缴纳保证金，也不受任何招标规则的约束。

3)竞争性谈判是在非公开的场合下的买卖谈判，缺乏透明度。

竞争性谈判与邀请招标的区别：

1)性质不同。邀请招标属于招标的范畴，其性质是以竞争方式进行采购，而竞争性谈判其性质属于谈判协商。

2）程序不同。邀请招标必须严格遵守《招标投标法》规定的程序进行招标，而竞争性谈判虽具有一定的竞争性，整个采购过程不受《招标投标法》规定的程序限制。

竞争性谈判适合于不适合采购招标的方式进行采购的货物，如国防高科技产品的采购。

(3) 询价选择供应商

它的程序是询价—报价—签订合同的采购程序。采购方通常需要对三家以上的供货商就采购的标的物进行询价，对报价比较后选择一家与其签订供货合同。

属于议标的形式之一，无须复杂的招标程序，但也有一定的竞争性，适用于采购建筑材料或价值小的标准规格产品。

(4) 直接订购

直接订购是一种非竞争性物资采购方式，它不能进行产品的质量和价格比较，适用于以下几种情况：

1）为了使设备和零配件标准化，向经过招标或询价选择的原供货商增加采购，以便适应现有设备。

2）所需设备具有专卖性，只能从一家制造商获得。

3）负责工艺设计的承包单位要求从指定供货商处采购关键性部件，并以此作为保证工程质量的条件。

4）在特殊条件下，需要某些特定机电设备早日交货，也可直接签订合同，以免由于时间延误增加开支。

(5) 采购方式的选择

在项目策划招标阶段的主要工作内容就是要根据工程特点和工程建设当地的实际情况，确定材料设备的供应策略，比如选择材料设备的控制范围和控制方式。

如果选择主要材料设备为甲供或甲控，施工单位就基本只是包工了，这样做对建设单位控制工程造价效果明显，但施工企业在材料设备的采购环节被切断就没有积极性，对材料设备的节约管理也就放松了。如果采用包工包料的方式，建设单位管理就比较轻松，但同时必须把采购的利润和有关费用留给施工单位，对工程造价的控制有影响。对材料设备的控制方式就是采取甲供还是甲控，或者是结合进行。在工程实践中，究竟选择哪一种方式要根据工程项目的实际、建设单位的管理能力和工期等要求综合考虑后选定。

(6) 材料设备采购应注意的事项

1）为了更好地有针对性地进行询价，应要求招标公司尽早提供工程量清单，然后以工程量清单为依据进行询价。

2）要依据工程量清单进行全面询价。

3）在询价时,要针对不同的档次,进行多品牌、多厂家询价。

3. 采购招标的程序

凡应报送项目主管部门审批的项目,必须在报送的项目可行性研究报告中增加有关采购招标的内容,包括建设项目的重要材料设备的等采购活动的具体招标范围（全部或部分招标）和拟采用的招标形式。国家重点项目,省、自治区、直辖市人民政府确定的重点项目,拟采用邀请招标的项目,应对采用邀请招标理由作出说明。材料设备招标的程序如图 4-1 所示,具体步骤如下：

(1)工程建设单位与招标代理机构办理委托手续。

(2)招标单位编制招标文件。

(3)发出招标公告或邀请投标意向书。

(4)对投标单位进行资格预审。

(5)发放有关招标文件和技术资料,进行技术交底,解释投标单位提出的有关招标文件的疑问。

(6)组成评标组织,制定评标原则、办法、程序。

(7)开标。一般采用公开方式开标。

(8)评标、定标。

(9)发出中标通知书,物资需求方和招标单位签订供货合同。

二、材料、设备采购招标实务与操作

1. 招标文件的编制

(1)工程项目货物招标文件的内容

1)投标邀请书。

2)投标人须知。

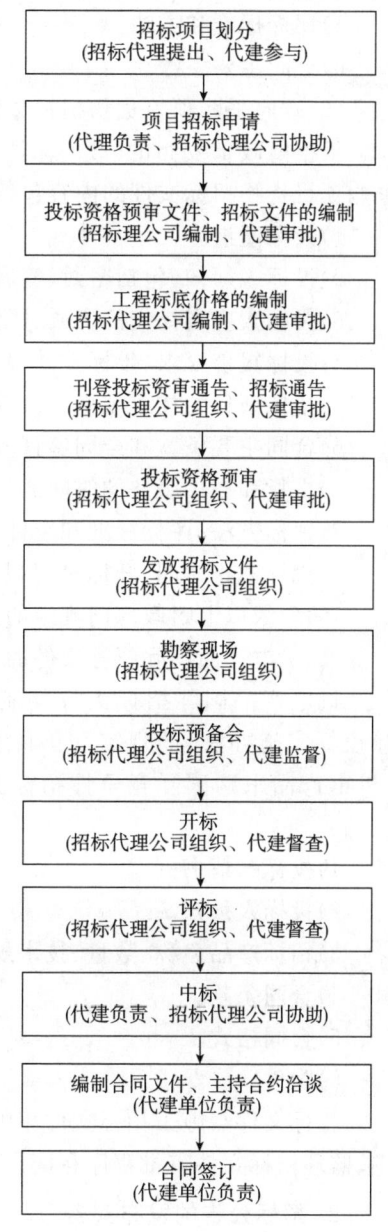

图 4-1 材料、设备招标的主要流程

3）投标文件格式。

4）技术规范、参数及其他要求。

5）评标标准和方法。

6）合同主要条款。

（2）政府采购项目货物招标文件的内容

根据财政部发布的《政府采购货物和服务招标投标管理办法》的规定,政府采购项目货物招标文件的内容包括：

1）投标邀请。

2）投标人须知（包括密封、签署、盖章要求等）。

3）投标人应当提交的资质、资信证明文件。

4）投标报价要求、投标文件编制要求和投标保证金交纳方式。

5）招标项目的技术规格、要求和数量,包括附件、图纸等。

6）合同主要条款和合同签订方式。

7）交货和提供服务的时间。

8）评标方法、评标标准和废标条款。

9）投标截止时间、开标时间和地点。

10）省级以上财政部门规定的其他事项。

（3）机电产品国际招标文件的内容

机电产品国际招标文件编制时应按照商务标颁布的《机电产品国际招标投标实施办法》的规定和国际招标的程序,进行招标文件的编制,可参照《机电产品采购国际竞争性招标文件》范本。机电产品国际招标文件的内容包括：

1）投标邀请书。

2）投标人须知。

3）招标产品名称、数量、技术规格。

4）合同条款。

5）合同格式。

6）附件。

招标文件与施工招标文件相同,也要经过招标管理部门审批,审批程序与施工、监理招标文件审批程序相同。

2. 招标公告的发布实务

材料、设备招标公告的发布操作程序与施工、监理招标的招标公告发布相同,需要强调的是,在办理招标公告发布手续的同时需要填写建设工程重要材料设备招标预登记表,见表 4-1,同时签写设备招标公告发布单,见表 4-2。

第四章 材料采购管理

表 4-1 建设工程重要设备材料招标预登记表

工程编号：_____　　　　　　　　　　　　　　　日期：　年　月　日

工程名称		计划开工日期	
		计划竣工日期	
招标人名称			
中标人名称		建筑面积	m²
建设地址	市　区　路　号	投资总额	万元
应招标重要设备材料名称	招标方	计划招标时间	招标场所
设备				
材料				

（招标人盖章）	（中标人盖章）
联系人： 电话：	项目经理： 资质等级： 资质等级证书编号： 电话：

注：1. 本表由招标人签写，一式四份。招标人、中标人各一份，招标办留存两份。
　　2. 由建设单位进行设备材料招标的，"招标方"一栏签写"招标人"，由中标的施工单位进行设备材料招标的，"中标方"一栏签写"招标人"。
　　3. 招标人持登记表及招标人项目经理资质证书复印件到市招标办材料设备招标监科加盖登记印章后进行合同备案。
　　4. 招标人、中标人按计划招标时间到建材市场进行重要的材料设备招标。

3. 资格预审实务

资格预审的目的是对投标申请人承担该项目的能力进行预审和评估,确定合格投标人名单,减少评标工作量,降低评标成本,提高招标效率。

(1)资格预审程序

1)招标人准备资审文件。

2)发布招标公告或者资格预审公告,载明资格预审的条件及要求,吸引有资格供应商领取或购买资格预审文件。

3)发放或者出售资格预审文件。

4)投标申请人编制资格预审文件,递交资格预审申请文件。

5)对投标申请人进行必要的调查,对资格预审申请文件进行评审。

(2)资格预审文件

资格预审文件通常包括下列内容:

1)工程名称、建设地点、建设规模。

2)对投标申请人的要求,主要写明投标申请人应具备的资质等级和材料供应能力,以及技术人员、测试设备配备情况等。

3)材料供应商业务范围。

4)材料供应的起止时间、工作周期。

5)资格预审文件发放的日期、时间和地址。

6)投标文件递交日期、时间、地址以及联系方法。

7)投标申请人递送投标资格预审文件的内容与格式等。

8)如有联合体申请参加投标的,应具备的条件和要求。

(3)资格预审申请

资格预审申请文件是由投标申请人根据资格预审文件编制的并提供给招标人的文件资料,其格式和内容都由资格预审文件规定,它一般包括如下内容:

1)企业及产品简介;

2)营业执照原件(应经过年检);

3)产品生产许可证书、准用证;

4)产品检验报告、材质证明、产品合格证明;

5)使用该产品的代表工程项目;

6)其他必要资料。

如果以联合体的组织形式投标,还应编制联合体各成员单位情况表。

(4)投标资格评审

主要是按资格预审文件中提出的评审标准,对所有投标人的资格预审申请文件逐一进行评审。评审由招标人或委托的招标代理机构或委托的评审组进行评审。

1)供应商和厂家的资质是否符合规定要求;
2)产品的功能、质量、安全、环保等方面是否符合要求;
3)价格是否合理(必要时应附成本分析);
4)生产能力能否保证工期要求。

4. 评标实务

(1)组建评标机构

评标由评标委员会负责。如果不采用国际招标的方式,就应当按照《招标投标法》的规定,以国家计委等七部门联合发布的《评标委员会和评标办法暂行规定》的相关规定及国家发改委等六部门联合发布的《工程建设项目货物招标投标办法》的规定进行评标。采用国际招标方式的,按照商务部《机电产品国际招标投标实施办法》的规定进行评标。

评标委员会应由招标代表或其委托的招标代理机构的代表和有关技术、经济等专业专家5人以上的单数组成,并且技术、经济方面的专家不得少于成员总数的2/3。评标专家组成员须从省级以上建设工程招标专家库里随机抽取。

(2)评标程序

1)机电产品国际招标的评标。首先对投标文件进行符合性检查,达到招标文件规定的情况下,接下来进入商务标评标阶段,对于通过商务评定的,再进一步进行技术评标。

2)政府采购项目的货物招标评标:

①初审。包括投标资格检查和符合性检查。资格检查是对投标文件中符合性证明、投标保证金等进行审查,以确定投标供应商是否具备投标资格;符合性检查是对投标文件的有效性、完整性和对照招标表文件的响应程度进行审查,以确定是否对招标文件的实质性要求作出响应。

②澄清。对招标文件中含义不明确、对同类问题表述不一致或明显文字或计算错误的内容作必要的澄清、说明或补正。

③比较与评标。招标文件规定的评标方法和标准,对资格性检查和符合性检查合格文件进行商务评估和技术评估,综合比较与评价。

④推荐中标候选人。中标候选供应商数量应当根据采购需要确定,但必须按顺序排列中选择供应商。

3)其他非政府采购项目或采用国际招标方式进行的材料、设备的招标采购:

①评标准备。这一阶段主要任务在于研究、熟悉以下内容:

a. 招标目的。

b. 招标的性质。

c. 招标文件中规定的主要技术要求、标准和商务条款。

d. 招标文件规定的配备标准、评标方法和其他评标中要考虑的因素。

在评标前需填写建设工程材料、设备评标专家抽取申请表和评标委员会审批表;在评标结束后要填写评标报告、招标投标监督报告和中标通知书(设备)。

②初步评审。包括符合性检查和资格检查两方面。符合性检查主要是对投标文件的完整性、编排的合理性、签署的合格性以及投标保证金是否提交、计算有无误差等项目进行审查,也称为符合性检查。资格检查是对投标文件是否实质性响应招标文件所要求的全部条款、条件和规定进行审查,如无实质性偏差,则视为审查通过,反之,投标将被拒绝。对于属于重大偏差的投标文件,应认定为没有对招标文件作出实质性响应,作废标处理。

③详细评审。是指对通过初步评审的投标文件,进行商务、技术部分的详细评审,具体评标方法在招标文件中应予以明确规定。详细评审的内容包括按招标文件规定的计算方法纠正计算上的误差,调整不导致废标的细微偏差。在评标过程中发现如有投标人的报价明显低于其他投标人的投标报价,或在设有标底时低于标底,可要求该投标人提供证明材料并予以书面澄清,不能合理说明或不能提供证明材料的,由评标委员会认定该投标人以低于成本价竞标,其投标应作废标处理。

④编制评标报告。评标结束后,评标委员会应当推荐按顺序排列的中标候选人1~3名,并标明排列顺序。评标委员会应当编制书面评标报告提交招标人,评标报告须由全体评标委会成员签字。评标报告的内容如下:

a. 基本情况及数据表。

b. 评标委员会成员名单。

c. 开标记录。

d. 符合要求的投标一览表。

e. 非标情况说明。

f. 评标标准、评标方法或者评标因素一览表。

g. 经评审的投标人排序。

h. 推荐中标候选人名单与签订合同须知事宜。

i. 澄清、说明、布置事项纪要。

(3)评标方法

机电产品的国际招标一般采用评审的最低投标价法进行评标,在有特殊原因时,才能采用综合评分法进行评标,其次还有性价比法也是可选的评标方法之一。

1)经评审的最低评标价法。经评审的最低评标价法即最低价法,是以价格为主导的评标方法。当投标文件在技术条件和商务条件上能够满足招标文件的各项评价标准和能够满足招标文件的实质性要求的前提下,将投标人的报价以货币形式表现出来,经评审后,提出最低报价的投标人作为中标人或中标候选人。

2)综合评分法。是指在最大限度满足招标文件实质性要求的前提下,按照招标文件中规定的各项评价因素进行综合评审,以评标总得分最高的投标人作为中标人或中标候选人。

5. 定标与授标实务

(1)定标

根据招标文件的规定可以是由评标委员会在评标后决定中标人,也可以是由评标委员会推荐中标候选人,由招标人决定,在没有特殊要求的情况下,评标委员会推荐的中标候选人中排名第一的投标人就为中标人,但也可以根据招标内容不同,在综合考虑和谈判的基础上有所选择,但中标人必须在中标候选人中按顺次确定。

(2)授标

定标后在15个工作日内,招标单位需和中标单位办理中标通知的发送手续,并向工程所在地招标投标管理部门备案。

(3)通知

将定标情况通知招标单位的同时,也通知未中标的投标人,办理招标文件、图纸和投标保证金的退换手续。

第四节 材料采购的询价

为了确保产品质量,获得合理报价,对于大型机电设备和成套设备,一般选用竞争性的招投标作为采购的常用方式。而对于小批量建筑材料或价值较小的标准规格产品,则可以简化采购方式,用询价的方式进行采购。由于市场上的销售渠道有进出口商、批发商、零售商和代理商等多种层次,材料、设备的生产制造厂家众多,其规格、性能和质量差别很大,而且交货方式和付款方式也各有不同,要通过多方正式询价、对比和议价才能做出决策。在正式询价之前,应首先搞清楚材料、设备的计价方式,其次要讲究询价的方法。

一、材料、设备报价的计价方式和常用的交货方式

货物的实际支付价格往往与货物来源、交货状态、付款方式以及销售和购买方承担的责任、风险有关。总的来说,材料、设备的采购来源可分为两大类:国内采购和国外进口。按照采购货物的特点又可分为标准设备和非标准设备(或标

准规格材料和非标准规格材料)。根据以上的划分,材料、设备采购价的组成内容和计价方式也有所不同,但基本均由两大部分组成,即材料、设备原价(或进口材料、设备到岸价)和运杂费。

1. 国内采购标准材料、设备的计价

国产标准材料、设备是指按照主管部门颁布的标准图纸和技术要求,由我国生产厂批量生产的,符合国家质量检验标准的材料、设备。国产标准材料、设备原价一般指的是材料、设备制造厂的交货价,即出厂价。

如交货方式为在卖方所在地交货,则货物计价中不含买方支付的运杂费;相反,如交货方式为运抵买方指定的交货地点,则计价中应包含从生产厂到目的地的运杂费,运杂费包括运输费和装卸费等。

2. 国内采购非标准材料、设备的计价

非标准材料、设备是指国家尚无定型标准,各生产厂家不可能在工艺过程中采用批量生产方式,只能按每一次订货提供的具体设计图纸制造的材料、设备。非标准材料、设备的原价有多种不同的计算方法,如成本计算估价法、系列设备插入估价法、分部组合估价法、定额估价法等。以成本计算估价法为例,非标准材料、设备的原价由以下费用组成。

(1)材料费

材料费的计算公式为:

$$材料费 = 材料净重 \times (1 + 加工损耗系数) \times 每吨材料综合价$$

(2)加工费

加工费包括生产工人工资及其附加费、燃料动力费、设备折旧费、车间经费、按加工费计算的企业管理费等。其计算公式为:

$$加工费 = 设备总重量(t) \times 设备每吨加工费$$

(3)辅助材料费

辅助材料费包括焊条(丝)、氧气、氮气、油漆、电石等的费用,按设备单位重量的辅助材料费指标计算。其计算公式为:

$$辅助材料费 = 设备总重量 \times 辅助材料费指标$$

(4)专用工具费

专用工具费的计算公式为:

$$专用工具费 = (材料费 + 加工费 + 辅助材料费) \times 专用工具费率$$

(5)废品损失费

废品损失费的计算公式为:

$$废品损失费 = (材料费 + 加工费 + 辅助材料费 + 专用工具费) \times 废品损失费率$$
$$= (材料费 + 加工费 + 辅助材料费) \times (1 + 专用工作费率) \times 废品损失费率$$

(6)外购配套件费

外购配套件费包括双方商定的外购配套件的价格和运杂费。

(7)包装费

订货单位和承制单位在同一厂区内的,不计包装费。如在同一城市或地区,距离较近,包装可简化,则可适当减少包装费用。包装费的计算公式为:

包装费 =(材料费+加工费+辅助材料费+专用工具费+废品损失费+
　　　　外购配套件费)×包装费率
　　　 =〔(材料费+加工费+辅助材料费)×(1+专用工具费率)×(1+
　　　　废品损失费率)+外购配套件费〕×包装费率

(8)利润

利润 =(材料费+加工费+辅助材料费+专用工具费+废品损失费+
　　　包装费)×10%

(9)税金

税金现指增值税,基本税率为17%。其计算公式为:

增值税 = 当期销项税额 - 进项税额

当期销项税额 = 税率×销售额

(10)非标准设备设计费

非标准设备的设计费应按国家标准另行计算。

3. 国外进口材料、设备的计价

(1)进口材料、设备的交货方式

进口材料、设备的交货方式可分为内陆交货、目的地交货和装运港交货。

内陆交货,即卖方在出口国内陆的某个地点完成交货任务。在交货地点,卖方及时提交合同规定的货物和有关凭证,并负担交货前的一切费用和风险;买方按时接受货物,交付货款,负担接货后的一切费用和风险,并自行办理出口手续和装运出口。货物的所有权也在交货后由卖方转移给买方。

目的地交货,即卖方要在进口国的港口或内地交货。这类交货价包括目的港船上交货价、目的港船边交货价(FOS)、目的港码头交货价(关税已付)和完税后交货价(进口国目的地的指定地点),其特点是买卖双方承担的责任、费用和风险以目的地约定交货点为分界线,只有当卖方在交货点将货物置于买方控制下才算交货,才能向买方收取货款,这类交货价对卖方来说承担的风险较大,在国际贸易中卖方一般不愿采用这类交货方式。

装运港交货,即卖方在出口国装运港完成交货任务。这类交货价主要有装运港船上交货价(FOB)、运费在内价(C&F)和运费、保险费在内价(CIF)。其特点主要是卖方按照约定的时间在装运港交货,只要卖方把合同规定的货物装船后提供货运单据便完成交货任务,并可凭单据收回货款。

装运港船上交货价(FOB)是我国进口材料、设备采用最多的一种货价。采用船上交货价时,卖方的责任是负责在合同规定的装运港口和规定的期限内,将货物装上买方指定的船只,并及时通知买方;负责货物装船前的一切费用和风险;负责办理出口手续;提供出口国政府或有关方面签发的证件;负责提供有关装运单据。买方的责任是负责租船或订舱,支付运费,并将船期、船名通知卖方;负担货物装船后的一切费用和风险;负责办理保险及支付保险费,办理在目的港的进口和收货手续;接受卖方提供的有关装运单据,并按合同规定支付货款。

(2)进口材料、设备到岸价的构成

我国进口材料、设备采用最多的是装运港船上交货价(FOB),其到岸价构成可概括为:

进口设备价格＝货价＋国外运费＋运输保险费＋银行财务费＋外贸手续费＋
　　　　　　关税＋增值税

1)进口材料、设备的货价

进口材料、设备的货价一般可采用下列公式计算:

$$货价＝外币金额×银行牌价(卖价)$$

式中的"外币金额"一般是指引进设备装运港船上交货价(FOB)。

2)进口材料、设备的装运费

我国进口材料、设备大部分采用海洋运输方式,小部分采用铁路运输方式,个别采用航空运输方式。

海洋运输就是利用商船在国内外港口之间通过一定航区和航线进行货物运输的方式,它不受道路和轨道的限制,运输能力大,运费比较低廉。铁路运输一般不受气候条件的影响,可保证全年正常运输,速度较快,运量较大,风险较小。

航空运输是一种现代化的运输方式,特别是交货速度快,时间短,安全性高,货物破损率小,能节省保险费、包装费和储藏费,但运输费用较高。

3)运输保险费

对外贸易货物运输保险是由保险人(保险公司)与被保险人(出口人或进口人)订立保险契约,在被保险人交付议定的保险费后,保险人根据保险契约的规定对货物在运输过程中发生的承保责任范围内的损失给予经济上的补偿。

4)银行财务费

银行财务费一般指中国银行手续费,可按离岸货价的0.5%计算,以简化计算。

5)外贸手续费

外贸手续费是指按对外经济贸易部规定的外贸手续费率计取的费用,可按下式简化计算:

外贸手续费＝(离岸货价＋国外运费＋运输保险费)×1.5％

6) 关税

关税是由海关对进出国境或关境的货物和物品征收的一种税,属于流转性课税。对进口材料、设备征收的进口关税实行最低和普通两种税率,普通税率适用于产自与我国未订有关税互惠条款的贸易条约或协定的国家与地区的进口材料、设备;最低税率适用于产自与我国订有关税互惠条款的贸易条约或协定的国家与地区的进口材料、设备。进口材料、设备的完税价格是指设备运抵我国口岸的到岸价格。

7) 增值税

增值税是我国政府对从事进口贸易的单位和个人,在进口商品报关进口后征收的税种。我国增值税条例规定,进口应税产品均按组成计税价格,依税率直接计算应纳税额,不扣除任何项目的金额或已纳税额,增值税基本税率为17％。

$$进口产品增值税额＝组成计税价格×增值税率$$
$$组成计税价格＝关税完税价格＋关税＋消费税$$

(3) 进口材料、设备的运杂费

进口材料、设备的运杂费是指我国到岸港口、边境车站起至买方的用货地点发生的运费和装卸费,由于我国材料、设备的进口常采用到岸价交货方式,故国内运杂费不计入采购价。

4. 材料、设备计价的其他影响因素

除了货物来源和交货方式,还应考虑卖方的计价可能与其他一些影响计价的因素。

(1) 一次购货数量

许多供应商常根据买方的购货量不同而将价格划分为零售价(某一最低货物数量限额以下);小批量销售价;批发价;出厂价和特别优惠价等。

(2) 支付条件

不同的支付条件对卖方的风险和利息负担有所不同,因而其价格也随之不同,如即期支付信用证;迟期(60天、90天或180天)付款信用证;付款交单;承兑交货和卖方提供出口信贷等。

(3) 支付货币

在国际承包工程的物资采购中,可能业主(工程合同的付款方)、承包商(物资采购合同的付款方)和供应商(物资采购的收款方),以及制造商(物资的生产和最后受益方)属于不同国别,习惯于采用各自的计价货币;或者他们受到某些汇兑制度的约束,对计价货币有各自的要求,因而究竟是用何种货币支付货款,应当事先约定,这是一个最终由何方承担汇率变化风险的问题,在迟期付款的情况下,汇率风险可能是很大的。

二、材料采购的询价步骤

在材料采购过程中,对材料的价格要进行多次调查和询价。

1. 为投标报价计算而进行的询价活动

这一阶段的询价属于市场价格的调查性质,它并不是为了立即达成货物的购销交易,作为承包商,只是为了使自己的投标报价计算比较符合实际,作为业主,是为了对材料、设备市场有更深入的了解。价格调查有多种渠道和方式。

(1)查阅当地的商情杂志和报刊。这种资料是公开发行的,有些可以从当地的政府专门机构或者商会获得。应当注意有些商情资料的价格是指零售价格,这种价格对于大量使用材料的承包商或业主来说,可能只是参考而已,甚至是毫无实际使用价值的,因为这种价格包括了从生产厂商、出口商、进口商、批发商和零售商好几个层次的管理费和利润,它们可能比承包商或业主自己成批订货进口价格要高出1倍以上。

(2)向当地的同行调查了解。这种调查要特别注意同行们在竞争意识作用下的误导,因此,最好是通过当地的代理人进行这类调查。

(3)向当地材料的制造厂商直接询价。

(4)向国外的材料设备制造厂商或其当地代理商询价。

2. 实际采购中的询价程序

(1)根据"竞争择优"的原则,选择可能成交的供应商

由于这是选定最后可能成交的供货对象,不一定找过多的厂商询价,以免造成混乱。通常对于同类材料设备等物资,找一两家最多三家有实际供货能力的厂商询价即可。

(2)向供应厂商询盘

向供应厂商询盘是对供货厂商销售货物的交易条件的询问,为使供货厂商了解所需材料设备的情况,至少应告知所需的品名、规格、数量和技术性能要求等,这种询盘可以要求对方作一般报价,还可以要求作正式的发盘。

(3)卖方的发盘

发盘通常是应买方(承包商或业主)的要求而做出的销售货物的交易条件。发盘有多种,如果对于形成合同的要约内容是含糊的、模棱两可的,它只是属于一般报价,属于"虚盘"性质,例如价格注明为"参考价"或者"指示性价格"等,这种发盘对于卖方并无法律上的约束力。通常的发盘是指发出"实盘",这种发盘应当是内容完整、语言明确,发盘人明示或默示承受约束的。一项完整的发盘通

常包括货物的品质、数量、包装、价格、交货和支付等主要交易条件。卖方为保护自身的权益,通常还在其发盘中写明该项发盘的有效期,即在此有效期内买方一旦接受,即构成合同成立的法律责任,卖方不得反悔或更改其重要条件。

(4)还盘、拒绝和接受

买方(承包商或业主)对于发盘条件不完全同意而提出变更的表示,即是还盘,也可称之为还价。如果供应商对还盘的某些更改不同意,可以再还盘。有时可能经过多次还盘和再还盘进行讨价还价,才能达成一致,而形成合同。买方不同意发盘的主要条件,可以直接予以"拒绝",一旦拒绝,即表示发盘的效力已告终止。此后,即使仍在发盘规定的有效期内,买方反悔而重新表示接受,也不能构成合同成立,除非原发盘人(供应商)对该项接受予以确认。

如果承包商或业主完全同意供应商发盘的内容和交易条件,则可予以"接受"。

1)构成在法律上有效的"接受",应当是原询盘人做出的决定,当然原询盘人应是有签约的权力。

2)"接受"应当以一定的行为表示,例如用书面形式(包括信函或传真)通知对方。

3)这项通知应当在发盘规定的有效期内送达给发盘人(关于"接受"的通知是以发出的时间生效,还是收到的时间生效,国际上不同法系的规则不尽一致)。

4)"接受"必须与发盘完全相符,有些法系规定,应当符合"镜像规则",即"接受"必须像照镜子一样丝毫不差地反映发盘内容。但在有些法系或实际业务中,只要"接受"中未对发盘的条件作实质性的变更,也应被认为是有效的。所谓"实质性"是指该项货物的价格、质量(包括规格和性能要求)、数量、交货地点和时间、赔偿责任等条件。

三、材料采购的询价方法和技巧

1. 充分做好询价准备工作

从以上程序可以看出,在材料采购实施阶段的询价,已经不是普通意义的市场商情价格的调查,而是签订购销合同的一项具体步骤——采购的前奏。因此,询价前必须做好准备工作。

(1)询价项目的准备

首先要根据材料使用计划列出拟询价的物资的范围及其数量和时间要求。特别重要的是,要整理出这些拟询价物资的技术规格要求,并向专家请教,搞清楚其技术规格要求的重要性和确切含义。

(2)对供应商进行必要和适当的调查

在国内外大量的宣传材料、广告、商家目录,或者电话号码簿中都可以获得一定的资料,甚至会收到许多供应商寄送的样品、样本和愿意提供服务的意向信等自我推荐的函电。应当对这些潜在的供应商进行筛选,可将那些较大的和本身拥有生产制造能力的厂商或其当地代表机构列为首选目标;而对于一些并无直接授权代理的一般性进口商和中间商则必须进行调查和慎重考核。

(3)拟定自己的成交条件预案

事先对拟采购的材料设备采取何种交货方式和支付办法要有自己的设想,这种设想主要是从自身的最大利益(风险最小和价格在投标报价的控制范围内)出发的。有了成交条件预案,就可以对供应商的发盘进行比较,迅速做出还盘反应。

2. 选择最恰当的询价方法

前面介绍了由承包商或业主发出询盘函电邀请供应商发盘的方法,这是常用的一种方法,适用于各种材料设备的采购。但还可以采用其他方法,比如招标办法、直接访问或约见供应商询价和讨论交货条件等方法,可以根据市场情况、项目的实际要求、货物的特点等因素灵活选用。

3. 注意询价技巧

(1)为避免物价上涨,对于同类大宗物资最好一次将全工程的需用量汇总提出,作为询价中的拟购数量。这样,由于订货数量大而可能获得优惠的报价,待供应商提出附有交货条件的发盘之后,再在还盘或协商中提出分批交货和分批支付货款或采用"循环信用证"的办法结算货款,以避免由于一次交货即支付全部货款而占用巨额资金。

(2)在向多家供应商询价时,应当相互保密,避免供应商相互串通,一起提高报价;但也可适当分别暗示各供应商,他可能会面临其他供应商的竞争,应当以其优质、低价和良好的售后服务为原则做出发盘。

(3)多采用卖方的"销售发盘"方式询价,这样可使自己处于还盘的主动地位。但也要注意反复地讨价还价可能使采购过程拖延过长而影响工程进度,在适当的时机采用"递盘",或者对不同的供应商分别采取"销售发盘"和"购买发盘"(即"递盘"),也是货物购销市场上常见的方式。

(4)对于有实力的材料设备制造厂商,如果他们在当地有办事机构或者独家代理人,不妨采用"目的港码头交货(关税已付)"的方式,甚至采用"完税后交货(指定目的地)"的方式。因为这些厂商的办事处或代理人对于当地的港口、海关和各类税务的手续和税则十分熟悉,他们可能提货快捷、价格合理,甚至由于对税则熟悉而可能选择优惠的关税税率进口,比起另外委托当地的相关代理商办理各项手续更省时、省事和节省费用。

(5)承包商应当根据其对项目的管理职责的分工,由总部、地区办事处和项目管理组分别对其物资管理范围内材料设备进行询价活动。

第五节　材料采购管理

一、材料采购及加工订货

建筑企业采购及加工订货,是有计划、有组织地进行的。其内容有决策、计划、洽谈、签订合同、验收、调运和付款等工作,其业务过程,可分为准备、谈判、成交、执行和结算等五个环节。

1. 材料采购及加工订货的准备

采购及加工订货,在通常情况下需要有一个较长时间的准备,无论是计划分配材料或市场采购材料,都必须按照材料采购计划,事先做好细致的调查研究工作,摸清需要采购及加工材料的品种、规格、型号、质量、数量、价格、供应时间和用途等,以便落实资源。准备阶段中,必须做好下列主要工作:

(1)按照材料分类,确定各种材料采购及加工订货的总数量计划。

(2)按照需要采购的材料(如一般的产需衔接材料),了解有关的供货资源,选定供应单位,提出采购矿点的要货计划。

(3)选择和确定采购及加工订货企业,这是做好采购及加工订货的基础。必须选择设备齐全、加工能力强、产品质量好和技术经验丰富的企业。此外,如企业的生产规模、经营信誉等,在选择中均应摸清情况。在采购及加工大量材料时,还可采用招标和投标的方法,以便择优落实供应单位和承揽加工企业。

(4)按照需要编制市场采购及加工订货材料计划,报请领导审批。

2. 材料采购及加工订货的谈判

材料采购及加工订货计划经有关单位平衡安排,领导批准后,即可开展业务谈判活动。所谓业务谈判,就是材料采购业务人员与生产、物资或商业等部门进行具体的协商和洽谈。

业务谈判应遵守国家和地方制定的物资政策、物价政策和有关法令,供需双方应本着地位平等、相互谅解、实事求是,搞好协作的精神进行谈判。

(1)采购谈判的主要内容

1)确定采购材料的名称、规格、型号和数量等。

2)确定采购材料的价格、相关费用和结算方法。

3）确定采购材料的各级质量标准和验收方法。

4）确定采购材料的交货状态、交货地点、包装方式、交货方式和交货日期等。

5）确定采购材料的运输工具及费用、运输办法,如需方自理、供方代送或供方送货等。

6）确定违约责任、纠纷解决方法等其他事项。

(2)加工订货谈判的主要内容

1）确定加工品的名称、规格、型号和数量。

2）确定加工品的技术性能和质量要求,以及技术鉴定和验收方法。

3）确定所需原材料的品种、规格、质量、定额、数量和提供日期,以及供料方式,如由订做单位提供原材料的带料加工或承揽单位自筹材料的包工包料。

4）确定订做单位提供加工样品的,承揽单位应按样品复制;订做单位提供设计图纸资料的,承揽单位应按设计图纸加工;生产技术比较复杂的,应先试制,经鉴定合格后成批生产。

5）确定加工品的加工费用和自筹材料的材料费用,以及结算办法。

6）确定原材料和加工品的运输办法、运输费用及其负担方法。

7）确定加工品的交货状态、交货地点、交货方式,以及交货日期及其包装要求。

8）确定双方应承担的责任。如承揽单位对订做单位提供原材料应负保管的责任,按规定质量、时间和数量完成加工品的责任;不得擅自更换订做单位提供的原材料的责任;不得把加工品任务转让给第三方的责任;订做单位按时、按质、按量提供原材料的责任;按规定期限付款的责任等。

业务谈判,一般要经过多次反复协商,在双方取得一致意见时,业务谈判即告完成。

3. 材料采购及加工订货的成交

材料采购及加工订货,经过与供应单位反复酝酿和协商,取得一致意见时,达成采购、销售协议,称为成交。成交的形式,目前有签订合同的订货形式、签发提货单的提货形式和现货现购等形式。

(1)订货形式

建筑企业与供应单位按双方协商确定的材料品种、质量和数量,将成交所确定的有关事项用合同形式固定下来,以便双方执行。订购的材料,按合同交货期分批交货。

(2)提货形式

由供应单位签发提货单,建筑企业凭单到指定的仓库或堆栈,按规定期限提取。提货单有一次签发和分期签发二种,由供需双方在成交时确定。

(3)现货现购

建筑企业派出采购人员到物资门市部、商店或经营部等单位购买材料,货款付清后,当场取回货物,即所谓"一手付钱、一手取货"银货两讫的购买形式。

4. 材料采购及加工订货的执行

材料采购及加工订货,经供需双方协商达成协议签订合同后,由供方交货,需方收货。这个交货和收货过程,就是采购及加工订货的执行阶段。主要有以下几个方面:

(1)交货日期

供需双方应按合同规定的交货日期如期履行,供方应按规定日期交货,需方应按规定日期收(提)货。如未按合同规定日期交货或提货,应按未履行合同处理。

(2)材料验收

材料验收,应由建筑企业派员对所采购的材料和加工品进行数量和质量验收。

数量验收,应对供方所交材料进行检点。发现数量短缺,应迅速查明原因,向供方提出。材料质量分为外观质量和内在质量,分别按照材料质量标准和验收办法进行验收。发现不符合规定质量要求的,不予验收;如属供方代运或送货的,应一面妥为保管,一面在规定期限内向供方提出书面异议。

材料数量和质量经验收通过后,应填写材料入库验收单,报本单位有关部门,表示该批材料已经接收完毕,并验收入库。

(3)交货地点

材料交货地点,一般在供应企业的仓库、堆场或收料部门事先指定的地点。供需双方应按照合同规定的或成交确定的交货地点进行材料交接。

(4)交货方式

材料交货方式,指材料在交货地点的交货方式,有车、船交货方式和场地交货方式。由供方发货的车、船交货方式,应由供应企业负责装车或装船。

(5)材料运输

供需双方应按合同规定的或成交确定的运输办法执行。委托供方代运或由供方送货,如发生材料错发到货地点或接货单位,应立即向对方提出,按协议规定负责运到规定的到货地点或接货单位,由此而多支付运杂费用,由供方承担;如需方填错或临时变更到货地点,由此而多支付的费用,应由需方承担。

5. 材料采购及加工订货的经济结算

经济结算,是建筑企业对采购的材料,用货币偿付给供货单位价款的清算。采购材料的价款,称为货款;加工的费用,称为加工费,除应付货款和加工费外,还有应付委托供货和加工单位代付的运输费、装卸费、保管费和其他杂费。

经济结算包括异地结算和同城结算。

异地结算是指供需双方在不同城市之间进行结算。结算方式有异地托收承付结算、信汇结算、承兑汇票结算和部分地区试行的限额支票结算等方式。

同城结算是指供需双方在同一城市内进行结算。结算方式有同城托收承付结算、委托银行付款结算、支票结算和现金结算等方式。

(1) 托收承付结算

托收承付结算,由收款单位根据合同规定发货后,委托银行向付款单位收取货款,付款单位根据合同核对收货凭证和付款凭证等无误后,在承付期内承付结算。

(2) 信汇结算

信汇结算,是由收款单位根据合同规定发货后,将收款凭证和有关发货凭证,用挂号函件寄给付款单位,经付款单位审核无误通过银行汇给收款单位的结算方式。

(3) 承兑汇票结算

承兑汇票结算,是一种由付款单位开具在一定期限后才可兑付的支票付给收款单位,兑现期到后,再由银行将所指款项由付款方账户转入收款方账户的结算方式。

(4) 委托银行付款结算

委托银行付款结算,是付款单位委托银行将采购和加工订货合同中规定的款项从本单位账户转入指定的收款单位账户中的一种同城结算方式。

(5) 支票结算

支票结算,是由收款单位凭付款单位签发的支票通过银行,从付款单位账户中支付款项的一种同城结算方式。

(6) 现金结算

现金结算,是由采购单位持现金向供方购买材料的货款结算方式。每笔现金货款结算金额,应在各地银行所规定的现金限额以内。

货款和其他费用的结算,应按照中国人民银行的结算办法规定办理,在成交或签订合同时具体明确相关内容:明确结算方式;明确收、付款凭证,一般凭发票、收据和附件(如发货凭证、收货凭证等);明确结算单位,如通过当地建材公司向需方结算货款。

(7) 建筑企业审核付货款和费用的主要内容

1) 材料名称、品种、规格和数量与实际收到的材料或验收单是否相符。

2) 单价是否符合国家或地方规定的价格。如无规定价格的,应按合同规定的价格结算。

3）委托采购及加工订货单位代付的运输费用和其他费用，是否按照合同规定交付。自交货地点装运到指定目的地的运费，一般应由委托单位负担。

4）收、付款凭证和手续是否齐全。

5）总金额是否有误。审核无误后才能通知财务部门付款。

如发现数量和单价不符、凭证不齐、手续不全等情况，应退回收款单位更正、补齐凭证、补办手续后才能付款；如采取托收承付结算方式的，可以拒付货款。

二、材料采购资金的管理

材料采购过程伴随着企业材料流动资金的运动过程。材料流动资金运用情况决定着企业经济效益的优劣。材料采购资金管理是充分发挥现有资金的作用、挖掘资金的最大潜力、获得较好的经济效益的重要途径。材料采购资金管理办法，根据企业采购分工不同、资金管理手段不同而不同。

1. 采购量管理法

采购量管理法，适用于采购分工明确、采购任务量确定的企业或部门。按照每个采购员的业务分工，分别确定一个时期内其采购材料实物数量指标及相应的资金指标，用以考核其完成情况。对于实行项目自行采购的资金管理和专业材料采购的资金管理，使用这种方法可以有效地控制项目采购支出，管好用好专业材料。

2. 采购金额管理法

采购金额管理法是确定一定时期内的采购总金额，并明确这一时期内各阶段采购所需资金，采购部门根据资金情况安排采购项目及采购量。这种管理方法对于资金紧张的项目或部门可以合理安排采购任务，按照企业资金总体计划分期采购。一般综合性采购部门可以采取这种方法。

3. 采购费用指标管理法

采购费用指标管理法是确定一定时期内材料采购资金中成本费用指标，如采购成本降低额或降低率，用以考核和控制采购资金使用。鼓励采购人员负责完成采购业务的同时注意采购资金使用，降低采购成本，提高经济效益。

上述几种方法都可以在确定指标的基础上按一定时间期限实行经济责任制，将指标落实到部门、落实到人，充分调动部门和个人的积极性，达到提高资金使用效率的目的。

三、材料采购批量的管理

材料采购批量是指一次采购材料的数量。其数量的确定是以施工生产需用为前提，按计划分批进行采购。采购批量直接影响着采购次数、采购费用、保管费用、资金和仓库占用。在某种材料总需用量中，每次采购的数量应选择各项费用综合成本最低的批量，即经济批量或最优批量。经济批量或最优批量的确定受多方因素的影响，按照所考虑的主要因素不同一般有下列三种方法。

1. 按照商品流通环节最少的原则选择最优批量

从商品流通环节看，向生产厂家直接采购，所经过的流通环节最少，价格最低。不过生产厂家的销售往往有最低销售量限制，采购批量一般要符合其最低销售批量。这样在得到适用材料的同时，既减少了中间流通环节费用，又降低了采购价格和采购成本。

2. 按照运输方式选择经济批量

在材料运输中有铁路运输、公路运输、水路运输等多种不同的运输方式。每种运输中一般又分整车（批）运输和零散（担）运输。在中、长途运输中，铁路运输和水路运输较公路运输价格低，运量大。而在铁路运输和水路运输中，又以整车运输费用较零散运输费用低。因此一般采购应尽量就近采购或达到整车托运的最低限额以降低采购费用。

3. 按照采购费用和保管费用支出最低的原则选择经济批量

材料的采购批量越小，材料保管费用支出越低，但采购次数越多，采购费用越高。反之，采购批量越大，保管费用越高，但采购次数越少，采购费用越低。因此采购批量与保管费用成正比关系，与采购费用成反比关系，见图 4-2。

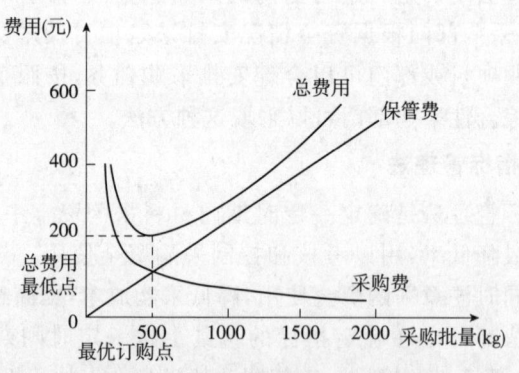

图 4-2　采购批量与费用关系图

某种材料的总需用量中，每次采购数量能使其保管费和采购费之和为最低，则该批量称为经济批量。

当企业某种材料全年耗用量确定的情况下，其采购批量与保管费用及采购费用之间的关系是：

年保管费＝1/2×采购批量×单位材料年保管费

年采购费＝采购次数×每次采购费用

年总费用＝年保管费＋年采购费

第六节　建设工程物资采购合同

一、建设工程物资采购合同

1. 建设工程物资采购合同概述

(1)建设工程物资采购合同的概念

建设工程物资采购合同是指具有平等主体的自然人、法人、其他组织之间为实现建设工程物资买卖，设立、变更、终止相互权利义务关系的协议。依照协议，出卖人(简称卖方)将建设工程物资的所有权转移给买受人(简称买方)，买受人接受该项建设工程物资并支付价款。

(2)建设工程物资采购合同的分类

建设工程物资采购合同根据标的不同一般分为材料采购合同和设备采购合同。

材料采购合同是指平等主体的自然人、法人、其他组织之间，以工程项目所需材料为标的、以材料买卖为目的，出卖人(简称卖方)转移材料的所有权于买受人(简称买方)，买受人支付材料价款的合同。

设备采购合同是指平等主体的自然人、法人、其他组织之间，以工程项目所需设备为标的、以设备买卖为目的，出卖人(简称卖方)转移设备的所有权于买受人(简称买方)，买受人支付设备价款的合同。

2. 建设工程物资采购合同的特征

(1)买卖合同的特征

建设工程物资采购合同属于买卖合同，它具有买卖合同的一般特点。

1)买卖合同以转移财产的所有权为目的。出卖人与买受人订立买卖合同是为了实现财产所有权的转移。

2)买卖合同中的买受人要取得财产所有权，必须支付相应的价款。

3)买卖合同是双务、有偿合同。所谓双务、有偿是指买卖双方互付一定义务，卖方必须向买方转移财产所有权，买方必须向卖方支付价款，买方不能无偿取得财产的所有权。

4)买卖合同是诺成合同。除法律有特别规定外，当事人双方意见达成一致买卖合同即可成立,并不以实物的交付为成立条件。

5)买卖合同是不要式合同。当事人对买卖合同的形式享有很大的自由,除法律有特别规定外,买卖合同的成立和生效并不需要具备特别的形式或履行审批手续。

(2)建设工程物资采购合同的特征

建设工程物资采购合同除具有买卖合同的一般特征外,还具有自身的一些特征。

1)建设工程物资采购合同应依据施工合同订立

施工合同中确立了关于物资采购的协商条款,无论是发包方供应材料和设备,还是承包方供应材料和设备,都应依据施工合同采购物资。根据施工合同的工程量来确定所需物资的数量,根据施工合同的类别来确定物资的质量要求。因此,施工合同一般是订立建设工程物资采购合同的前提。

2)建设工程物资采购合同以转移财物和支付价款为基本内容

建设工程物资采购合同内容繁多,条款复杂,涉及物资的数量和质量条款、包装条款、运输方式、结算方式等,但最为根本的是双方应尽的义务,即卖方按质、按量、按时地将建设物资的所有权转归买方;买方按时、按量地支付货款,这两项主要义务构成了建设工程物资采购合同的最主要内容。

3)建设工程物资采购合同的标的品种繁多,供货条件复杂

建设工程物资采购合同的标的是建筑材料和设备,它包括钢材、木材、水泥和其他辅助材料以及机电成套设备,这些建设物资的特点在于品种、质量、数量和价格差异较大,根据建设工程的需要,有的数量庞大,有的要求技术条件较高。在合同中必须对各种所需物资逐一明细,以确保工程施工的需要。

4)建设工程物资采购合同应实际履行

由于物资采购合同是根据施工合同订立的,物资采购合同的履行直接影响到施工合同的履行,建设工程物资采购合同一旦订立,卖方义务一般不能解除,不允许卖方以支付违约金和赔偿金的方式代替合同的履行,除非合同的迟延履行对买方成为不必要。

5)建设工程物资采购合同采用书面形式

根据《合同法》的规定,订立合同依照法律、行政法规的规定或当事人约定采用书面形式的,应当采用书面形式。

建设工程物资采购合同的标的物用量大,质量要求复杂,且根据工程进度计划分期分批均衡履行,同时还涉及售后维修服务工作,合同履行周期长,应当采用书面形式。

二、建设工程物资采购合同的订立及履行

1. 合同管理的原则和规则

(1)合同管理的原则

1)合同当事人的法律地位平等,一方不得将自己的意志强加给另一方。

2)当事人依法享有自愿订立合同的权利,任何单位和个人不得非法干预。

3)当事人确定各方的权利与义务应当遵守公平原则。

4)当事人行使权利、履行义务应当遵循诚实信用原则。

5)当事人应当遵守法律、行政法规和社会公德,不得扰乱社会经济秩序,不得损害社会公共利益。

(2)合同履行的原则

1)全面履行的原则。①实际履行:按标的履行合同。②适当履行:按照合同约定的品种、数量、质量、价款或报酬等履行。

2)诚实信用原则。当事人要讲诚实,守信用,要善意,不提供虚假信息等。

3)协作履行原则。根据合同的性质、目的和交易习惯善意地履行通知、协助和保密等随附义务,促进合同的履行。

4)遵守法律法规,不损害社会公共利益。

(3)合同履行的规则

1)对约定不明条款的履行规则

约定不明条款是指合同生效后发现的当事人订立合同时,对某些合同条款的约定有缺陷,为了便于合同的履行,应当按照对约定不明条款的履行规则,妥善处理。

①补充协议。合同当事人对订立合同时没能约定或者约定不明确的合同内容,通过协商,订立补充协议。

②按照合同有关条款或者交易习惯履行。当事人不能就约定不明条款达成或补充协议时,可以依据合同的其他方面的内容确定,或者按照人们在同样的合同交易中通常采用的合同内容(即交易习惯),予以补充或加以确定后履行。

③执行合同法的规定。合同内容不明确,既不能达成补充协议,又不能按交易习惯履行的,可适用《合同法》第61条的规定。

a. 质量要求不明确的,按照国家标准、行业标准履行;没有国家标准、行业标准的,按照通常标准或者符合合同目的的特定标准履行。

b. 价款或者报酬不明确的,按照订立合同时的市场价格履行;依法应当执行政府定价或者政府指导价的,按照规定执行。

c. 履行地点不明确的,给付货币,在接受货币一方所在地履行;交付不动产

的,在不动产所在地履行;其他标的,在履行义务一方所在地履行。

d. 履行期限不明确的,债务人可以随时履行;债权人可以随时要求履行,但应当给对方必要的准备时间。

e. 履行方式不明确的,按照有利于实现合同目的的方式履行。

f. 履行费用的负担不明确的,由履行义务一方负担。

2)价格发生变化的履行规则

①执行政府定价或者政府指导价的,在合同约定的履行期限内政府价格调整时,按照交付时的价格计价。

②逾期交付标的物的,遇价格上涨时,按照原价格执行,价格下降时,按照新价格执行。

③逾期提取标的物或者逾期付款的,遇价格上涨时按照新价格执行,价格下降时按照原价格执行。

2. 材料采购合同的订立及履行

(1)材料采购合同的订立方式

1)公开招标

公开招标是指由招标单位通过新闻媒介公开发布招标广告,以邀请不特定的法人或者其他组织投标,按照法定程序在所有符合条件的材料供应商、建材厂家或建材经营公司中择优选择中标单位的一种招标方式。大宗材料采购通常采用公开招标方式进行材料采购。

2)邀请招标

邀请招标是指招标人以投标邀请书的方式邀请特定的法人或者其他组织投标,只有接到投标邀请书的法人或其他组织才能参加投标的一种招标方式,其他潜在的投标人则被排除在投标竞争之外。

3)询价、报价、签订合同

物资买方向若干建材厂商或建材经营公司发出询价函,要求他们在规定的期限内做出报价,在收到厂商的报价后,经过比较,选定报价合理的厂商或公司并与其签订合同。

4)直接订购

直接订购是由材料买方直接向材料生产厂商或材料经营公司报价,生产厂商或材料经营公司接受报价、签订合同。

(2)材料采购合同的主要条款

依据《合同法》规定,材料采购合同的主要条款如下:

1)当事人的基本资料

双方当事人的名称、地址,法定代表人的姓名,委托代理订立合同的,应有授权委托书并注明委托代理人的姓名、职务等。

2)合同标的

合同标的是供应合同的主要条款,主要包括购销材料的名称(注明牌号、商标)、品种、型号、规格、等级、花色、技术标准等,这些内容应符合施工合同的规定。

3)技术标准和质量要求

质量条款应明确各类材料的技术要求、试验项目、试验方法、试验频率以及国家法律规定的国家强制性标准和行业强制性标准。

4)材料数量及计量方法

材料数量的确定由当事人协商,应以材料清单为依据,并规定交货数量的正负尾差、合理磅差和在途自然增(减)量及计量方法,计量单位采用国家规定的度量标准。计量方法按国家的有关规定执行,没有规定的,可由当事人协商执行。一般建筑材料数量的计量方法有理论换算计量、检斤计量和计件计量,具体采用何种方式应在合同中注明,并明确规定相应的计量单位。

5)材料的包装

材料的包装是保护材料在储运过程中免受损坏不可缺少的环节。材料的包装条款包括包装的标准和包装物的供应及回收,包装标准是指材料包装的类型、规格、容量以及印刷标记等。材料的包装标准可按国家和有关部门规定的标准签订,当事人有特殊要求的,可由双方商定标准,但应保证材料包装适合材料的运输方式,并根据材料特点采取防潮、防雨、防锈、防振、防腐蚀等保护措施。同时,在合同中规定提供包装物的当事人及包装品的回收等。除国家明确规定由买方供应外,包装物应由建筑材料的卖方负责供应。包装费用一般不得向需方另外收取,如买方有特殊要求,双方应当在合同中商定。如果包装超过原定的标准,超过部分由买方负担费用;低于原定标准的,应相应降低产品价格。

6)材料交付方式

材料交付可采取送货、自提和代运3种不同方式。由于工程用料数量大、体积大、品种繁杂、时间性较强,当事人应采取合理的交付方式,明确交货地点,以便及时、准确、安全、经济地履行合同。

7)材料的交货期限

材料的交货期限应在合同中明确约定。

8)材料的价格

材料的价格应在订立合同时明确,可以是约定价格,也可以是政府指定价或指导价。

9)结算

结算指买卖双方对材料货款、实际交付的运杂费和其他费用进行货币清算和了结的一种形式。我国现行结算方式分为现金结算和转账结算两种,转账结算在异地之间进行,可分为托收承付、委托收款、信用证、汇兑或限额结算等方法;转账结算在同城进行,有支票、付款委托书、托收无承付和同城托收承付等方式。

10) 违约责任

在合同中,当事人应对违反合同所负的经济责任做出明确规定。

11) 特殊条款

如果双方当事人对一些特殊条件或要求达成一致意见,也可在合同中明确规定,成为合同的条款。当事人对以上条款达成一致意见形成书面后,经当事人签名盖章即产生法律效力,若当事人要求鉴证或公证的,则经鉴证机关或公证机关盖章后方可生效。

12) 争议的解决方式

(3) 材料采购合同的履行

材料采购合同订立后,应当依照《合同法》的规定予以全面地、实际地履行。

1) 按约定的标的履行

卖方交付的货物必须与合同规定的名称、品种、规格、型号相一致,除非买方同意,不允许以其他货物代替履行合同,也不允许以支付违约金或赔偿金的方式代替履行合同。

2) 按合同规定的期限、地点交付货物

交付货物的日期应在合同规定的交付期限内,实际交付的日期早于或迟于合同规定的交付期限,即视为提前或延期交货。提前交付,买方可拒绝接受,逾期交付的,应当承担逾期交付的责任。如果逾期交货,买方不再需要,应在接到卖方交货通知后15天内通知卖方,逾期不答复的,视为同意延期交货。

交付的地点应在合同指定的地点。合同双方当事人应当约定交付标的物的地点,如果当事人没有约定交付地点或者约定不明确,事后没有达成补充协议,也无法按照合同有关条款或者交易习惯确定,则适用下列规定:标的物需要运输的,卖方应当将标的物交付给第一承运人以便运交给买方;标的物不需要运输的,买卖双方在订立合同时知道标的物在某一地点的,卖方应当在该地点交付标的物;不知道标的物在某一地点的,应当在卖方合同订立时的营业地交付标的物。

3) 按合同规定的数量和质量交付货物

对于交付货物的数量应当当场检验,清点账目后,由双方当事人签字。对质量的检验,外在质量可当场检验,对内在质量,需作物理或化学试验的,试验的结果为验收的依据。卖方在交货时,应将产品合格证随同产品交买方据以验收。

材料的检验,对买方来说既是一项权利也是一项义务,买方在收到标的物时,应当在约定的检验期间内检验,没有约定检验期间的,应当及时检验。

当事人约定检验期间的,买方应当在检验期间内将标的物的数量或者质量不符合约定的情形通知卖方。买方怠于通知的,视为标的物的数量或者质量符合约定。当事人没有约定检验期间的,买方应当在发现或者应当发现标的物的数量或者质量不符合约定的合理期间内通知卖方。买方在合理期间内未通知或者自标的物收到之日起 2 年内未通知卖方的,视为标的物的数量或者质量符合约定,但对标的物有质量保证期的,适用质量保证期,不适用该 2 年的规定。卖方知道或者应当知道提供的标的物不符合约定的,买方不受前两款规定的通知时间的限制。

4)买方的义务

买方在验收材料后,应按合同规定履行支付义务,否则承担法律责任。

5)违约责任

①卖方的违约责任。卖方不能交货的,应向买方支付违约金;卖方所交货物与合同规定不符的,应根据情况由卖方负责包换、包退,包赔由此造成的买方损失;卖方承担不能按合同规定期限交货的责任或提前交货的责任。

②买方违约责任。买方中途退货,应向卖方偿付违约金;逾期付款,应按中国人民银行关于延期付款的规定或合同的约定向卖方偿付逾期付款违约金。

(4)标的物的风险承担

所谓风险,是指标的物因不可归责于任何一方当事人的事由而遭受的意外损失。一般情况下,标的物损毁、灭失的风险,在标的物交付之前由卖方承担,交付之后由买方承担。

因买方的原因致使标的物不能按约定的期限交付的,买方应当自违反约定之日起承担其标的物损毁、灭失的风险。卖方出卖交由承运人运输的在途标的物,除当事人另有约定的以外,损毁、灭失风险自合同成立时起由买方承担。卖方按照约定未交付有关标的物的单证和资料的,不影响标的物损毁、灭失风险的转移。

(5)履行合同不当的处理

卖方多交标的物的,买方可以接收或者拒绝接收多交部分,买方接收多交部分的,按照合同的价格支付价款;买方拒绝接收多交部分的,应当及时通知出卖人。

标的物在交付之前产生的孳息,归卖方所有,交付之后产生的孳息,归买方所有。

因标的物的主物不符合约定而解除合同的,解除合同的效力及于从物,因标的物的从物不符合约定被解除的,解除的效力不及于主物。

(6)监理工程师对材料采购合同的管理

1)对材料采购合同及时进行统一编号管理。

2)监督材料采购合同的订立。工程师虽然不参加材料采购合同的订立工作,但应监督材料采购合同符合项目施工合同中的描述,指令合同中标的质量等级及技术要求,并对采购合同的履行期限进行控制。

3)检查材料采购合同的履行。工程师应对进场材料作全面检查和检验,对检查或检验的材料认为有缺陷或不符合合同要求,工程师可拒收这些材料,并指示在规定的时间内将材料运出现场;工程师也可指示用合格适用的材料取代原来的材料。

4)分析合同的执行。对材料采购合同执行情况的分析,应从投资控制、进度控制或质量控制的角度对执行中可能出现的问题和风险进行全面分析,防止由于材料采购合同的执行原因造成施工合同不能全面履行。

第五章 材料供应管理

第一节 材料供应管理概述

一、建筑材料供应的特点

建筑施工企业与一般工业企业相比,具有独特的生产和经营方式。建筑产品本身的特点决定了建筑产品生产的特点,这些也决定了建筑材料供应的特点。

1. **材料供应具有特殊性**

建筑产品直接建造在上地上,具有固定性,这就造成了施工生产的流动性,使得材料供应必须随生产而转移;而材料供应的特殊性就来自这些转移过程中形成的新的供应、运输和储备工作。

2. **材料供应具有复杂性**

建筑产品形体大,所以材料需用量大、品种规格多,运输量也大。一般工程常用的材料品种多达上千种,规格可达上万种。材料供应要根据施工进度要求,按各部位、各分项工程、各操作内容进行;另外,材料供应涉及的方面广、内容多、工作量大,这些都决定了材料供应的复杂性。

3. **材料供应具有多样性**

每个建设工程项目由若干分部分项工程组成,每个分部分项工程中都具有各自的施工特点和材料需求特点。要求材料供应按施工部位预计需用品种、规格进行备料,按施工程序分期分批组织材料进场,这些都决定了材料供应必须满足多样性的要求。

4. **材料供应具有不均衡性**

建筑生产施工是露天作业,最容易受时间和季节的影响,某些材料的季节性消耗和阶段性消耗,造成了材料供应的不均衡性。

5. **材料供应受社会因素影响大**

建筑材料是一种商品,因此市场的资源、价格、供求以及投资金额、利税等因素,都时刻影响着材料供应。基本建设投资的增减、生产价格的调整、国家税收和贷款政策的变化等,都会影响材料的需求。所以,要准确预测市场,确定材料供应准则,必须了解和掌握市场信息,尽量减少社会因素对材料供应的影响。

6. 材料供应工作难度大

建筑施工中各种因素多变,如设计变更、施工任务调整等,必然引起材料需求的变化,使材料供应的数量、规格变更频繁,造成材料积压、资金超占或材料断供、紧急采购,这都加大了材料供应的难度。

7. 材料供应工作要求高

建筑产品的质量直接影响其功能的发挥,为了保证建筑工程的质量和工程的进度,要求材料供应的质量要高,而且供应工作要有较高的平衡协调能力和调度水平。供应的材料必须保证其数量、质量及各项技术指标,还应保证其及时性和配套性。

二、材料供应应该遵循的原则

1. 有利生产、方便施工的原则

材料供应工作是建筑生产的基本前提,材料供应要深入生产第一线,千方百计为生产服务,想生产之所想,急生产之所急,送生产之所需。

2. 统筹兼顾、综合平衡、保证重点、兼顾一般的原则

材料供应中,经常会出现一些矛盾使供应工作处于被动状态,如供需脱节、品种规格不配套等,这时我们必须从全局出发,统筹兼顾、综合平衡,做好合理调度。同时,切实掌握施工生产的进度、资源情况和供货时间等,分清主次及轻重缓急,保证重点、兼顾一般,将材料供应工作做到最好。

3. 加强横向经济联系的原则

随着市场经济的发展,由施工企业自行组织配套的物资范围相应扩大。这就要求加强对各种资源渠道的联系,切实掌握市场信息,合理组织货源,提高配套供应能力,满足施工需要。

4. 勤俭节约的原则

充分发挥材料的效用,使有限的材料发挥最大的经济效果。在材料供应中,应保持"管供、管用、管节约",采取各种有效措施,努力降低材料消耗。

三、材料供应的基本任务

建筑材料供应工作的基本任务是以施工生产为中心,按质、按量、按品种、按时间、成套齐备、经济合理地满足企业的各种材料需要;并且,通过有效的组织形

式和科学的管理方法,充分发挥材料的最大效用,以较少的材料和资金消耗,完成更多的供应任务,获得较大的经济效益。

1. 组织货源

组织货源是为保证供应,满足需求创造充分的物质条件,是材料供应工作的中心环节。搞好货源的组织,必须掌握各种材料的供应渠道和市场信息,根据国家政策、法规和企业的供应计划,办理订货、采购、加工、开发等项业务,为施工生产提供物质保证。

2. 组织材料运输

运输是实现材料供应的必要环节和手段,只有通过运输才能把组织到的材料资源运到工地,从而满足施工生产的需要。根据材料供应目标要求,材料运输必须体现快速、安全、节约的原则,正确选择运输方式,实现合理运输。

3. 组织材料储备

由于材料供求之间在时间上是不同步的,为实现材料供应任务,必须适当储备。否则,将造成生产中断或出现材料积压。所以材料储备必须是适当、合理的,以保证材料供应的连续性。

4. 平衡调度

由于在施工生产过程中,经常出现供求矛盾,要求我们及时地组织材料的供求平衡,才能保证施工生产的顺利进行。因此,平衡调度是实现材料供应的重要手段,企业要建立材料供应指挥调度体系,掌握动态,排除障碍,完成供应任务。

5. 选择供料方式

合理地选择供料方式是材料供应工作的重要环节,通过一定的供料方式可以快速、高效、经济合理地将材料供到需用者手中。因此,选择供料方式必须遵循减少环节、方便用户、节省费用和提高效率的原则。

6. 提高成品、半成品供应程度

提高材料在供应过程中的初加工程度,有利于提高材料的利用率,减少现场作业,适合建筑生产的流动性,充分利用机械设备,有利于新工艺的应用,是企业材料供应工作的一个发展方向。

四、材料供应管理的内容

1. 编制材料供应计划

材料供应计划是建筑材料计划管理的一个重要组成部分,与生产计划、财务计划等有着密切的联系。材料供应计划是依据施工生产计划和需求量来计算和编制的;同时,它也为施工生产计划的实现提供有力的材料保证。正确、合理地编制材料供应计划,是建筑企业有计划地组织生产的客观要求,影响着整个建筑企业生产、技术、财务工作。

材料供应计划要和其他计划密切配合,协调一致。对计划期内有关生产和供需各方面的因素进行全面分析,分清轻重缓急,找出并处理好供应工作中的关键问题及其关系。如重点工程与一般工程的关系,首先要在确保重点工程的前提下,也照顾到一般工程;工程用料和生产维修等方面的关系,在一般情况下,首先要保证工程用料,但也要注意在特定的情况下,施工设备维修用料也是必须解决的。

2. 做好材料供应中的平衡调度

材料供应中常用的平衡调度方法有以下五种。

(1)会议平衡

在月度(或季度)供应计划编制以后,供应部门召开材料平衡会议,由供应部门向用料单位说明计划期材料资源到货和各种材料需用的总情况,结合内外资源,按轻重缓急公布供应方案。坚持保竣工扫尾、保重点工程的原则,并具体确定对各单位的材料供应量。平衡会议一般由上而下召开,逐级平衡。

(2)专项平衡

对列为重点工程的项目或主要材料,由项目建设方或施工方组织的专项平衡方式。专项研究落实计划,拟订措施,切实保证重点工程的顺利进行。

(3)巡回平衡

为协助各单位工程解决供需矛盾,一般在季(月)供应计划的基础上,组织各专业职能部门,定期到施工点巡回办公,落实供应工作,确保施工任务的完成。

(4)与建设单位协作平衡

属建设单位供应的材料,建筑企业应主动积极地与建设单位交流供需信息,互通有无,避免供需脱节而影响施工。

(5)开竣工平衡

对于一般性工程,为确保工程顺利开工和竣工,在单位工程开工之初和竣工之前,细致地分析供应工作情况,逐项落实材料供应品种、规格、数量和时间,确保工程顺利进行。

3. 材料供应执行情况的考核

对材料供应计划的执行情况进行经常的检查分析,才能发现执行过程中的问题,从而采取对策,保证计划实施。通常的考核指标有计划的完成情况、配套情况和及时性。

(1)材料供应计划完成情况

将某种材料或某类材料实际供应数量与其计划供应数量进行比较,可考核

该种或该类材料供应计划的完成程度和完成效果。其计算公式为:

材料供应计划完成率=(某种或某类材料实际供应数量/该种或该类材料计划供应数量)×100%

考核材料供应计划完成率,是从整体上考核供应完成情况。当分别考核某种材料供应计划完成情况时,可以实物数量指标计量;当考核某类材料供应计划完成情况,其实物量计量单位有差异时,应使用金额指标。

(2)材料供应计划配套情况

供应材料的具体品种、规格,特别是未完成材料供应计划的主要品种,通过检查配套供应情况进行考核。

材料供应品种配套率=(实际供应量中满足需要的品种数量/计划供应品种种数)×100%

【例】 某材料部门一季度材料供应计划完成情况见表5-1。

表5-1 某材料部门一季度材料供应计划完成情况

材料名称及规格	计量单位	计划供应量	实际进货量	完成计划/(%)
砖	千块	2000	1500	75
水泥	t	2000	2200	110
石灰	t	480	450	93.75
中砂	m^3	4000	5000	125
碎石	m^3	3500	4500	128.57
其中:				
粒径0.5~1.5cm	m^3	1500	1200	80
粒径2~4cm	m^3	1000	2000	200
粒径3~7cm	m^3	1000	1300	130

从表5-1可以看出:

1)砖实际完成计划的75%,与原计划供应量差距较大。如果缺乏足够的储备,必然影响施工生产任务的完成。

2)石灰完成计划的93.75%,石灰是主体工程和装饰必需的材料,完不成供应计划,必将影响主体和收尾工程的完成情况。

3)碎石总量实际完成计划的128.57%,超额供应。但是,其中粒径为0.5~1.5mm的碎石只完成原计划的80%,供应不足,将影响到混凝土及构件的生产。

4)从品种配套情况看,7个品种或规格的材料就有3种没有完成供应计划,配套率只有57.14%。

材料供应品种配套率=4/7×100%=57.14%

上例的材料供应配套状况,不但影响施工的顺利进行,而且将使已到场的其他品种材料形成滞存,影响资金的周转。材料部门应深入了解这三种材料不能完成供应计划的原因,采取相应的有效措施,力争按计划配套供应。

(3)材料供应的及时性分析

在检查考核材料供应总量计划的执行情况时,也可能遇到考核时材料的收入总量计划完成情况较好,但实际上施工现场却发生过停工待料的现象,这是因为在供应工作中还存在供应时间是否及时的问题。也就是说,即使收入总量充分,但供应时间不及时,也同样会影响施工生产的正常进行。

在分析考核材料供应及时性问题时,需要把时间、数量、平均每天需用量和计划期初库存量等资料联系起来考察。例如表5-2中,9月份石灰实际供应计划完成率为112%,从总量上看是满足了施工生产的需要,但从时间上来看,供应不及时,几乎大部分水泥的到货时间集中在中、下旬,这必然影响上旬施工生产的顺利进行。

表5-2 某单位9月份石灰供应完成情况(单位:t)

进货批数	计划需用量		计划期初库存量	计划收入		实际收入		完成计划/(%)	对生产保证程度	
	本月	平均每日用量		日期	数量	日期	数量		按日数计	按数量计
	400	15	30						2	30
第一批				1	80	5	45		3	45
第二批				7	80	13	105		7	105
第三批				13	80	18	120		8	120
第四批				19	80	25	178		3	45
第五批				25	80					
							448	112	23	345

(4)对供应材料的消耗情况分析

按施工生产验收的工程量、考核材料供应量是否全部消耗,分析其所供材料是否使用,进而指导下一步材料供应并护理好遗留问题。

第二节 材料供应方式

一、材料供应方式及其分类

材料供应方式是指材料由生产企业作为商品,向需用单位流通过程中采取的方式。不同的材料供应方式对企业材料储备、使用和资金占用有着一定的影响材料供应方式参数如图5-1所示。

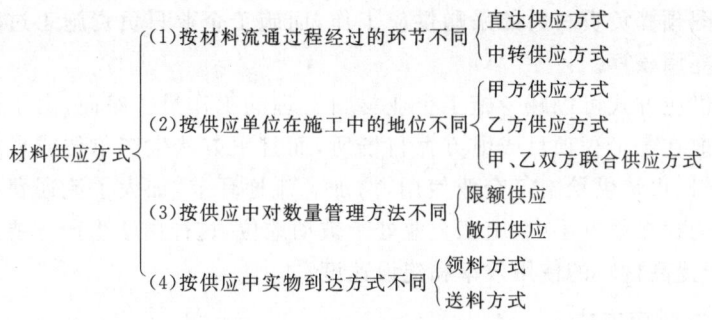

图 5-1　材料供应方式的分类

二、不同材料供应方式的特点

1. 直达供应方式

直达供应方式是指材料供应不经过第三方,直接由生产企业供给需用单位。

直达供应方式可以减少中间环节,缩短材料流通时间,降低材料流通费用和材料途耗,加速材料的周转。另外,由于产需的直接衔接,供需双方可以加强相互了解和协作,促进生产单位按需生产,提高产品质量。

采取直达供应方式时,要综合考虑各种条件,如销售工作量及供应品种、规格、数量等。直达供应方式需要材料生产单位具有一支较强的销售队伍,当供应大宗材料和专用材料时,可以提高工作效率和流通效益,供应数量小的采用这种方式就显得不经济。另外,直达供应方式还受到生产单位品种、规格的批量生产与需用单位多品种、规格配套需用之间的矛盾的限制,可能造成材料积压与资金超占。

2. 中转供应方式

中转供应方式是指材料供应过程中,生产企业和需用单位不直接发生经济往来,而由第三方衔接。

中转供应方式可以减少材料生产单位的销售工作量和需用单位的订购工作量,使需用单位就地就近组织订货,减少库存量,加速资金周转。在中转供应方式中,"第三方"即材料供销机构"集零为整"或"化整为零",提高了社会的经济效益。

中转供应方式适用于消耗量小、通用性强、品种规格复杂、需求可变性大的材料,可以保证材料的配套供应,提高工作效率,就地就近采购等。

3. 甲方供应方式

甲方是建设项目开发部门或项目业主的统称。甲方供应方式是指建设项目的开发部门或项目业主负责项目所需资金的筹集和资源组织,按照建筑企业编制的施工图预算负责材料的采购供应工作,而施工企业只负责施工过程中的材料消耗及耗用核算。

甲方供应方式可以减少施工企业材料管理的工作量。然而,由于建筑材料随甲方分散在各工程项目或甲方存料场所,而且甲方从生产单位或材料供销机构采购材料,再转供给施工企业使用,增加了流通环节,加大了流通费用。建设项目的主动权在甲方手中,施工企业处于被动地位,这样由于生产三要素难以统一,不利于提高材料的使用效率和建设速度。

4. 乙方供应方式

乙方是建筑施工企业的统称。乙方供应方式是指由建筑施工企业根据生产特点和进度要求,由本企业材料部门,工区(工程处)材料部门或建设工程项目内的材料部门负责材料采购供应。

乙方供应方式可以在所建项目之间进行材料集中加工,综合配套供应,合理调配劳动力和材料资源,提高项目建设速度。这种供应方式中,建筑施工企业可以及时、清楚地了解各工程项目的具体要求,根据这些要求集中采购,减少流通环节,节省流通费用。另外,乙方承担材料的采购、供应、使用的成本核算等工作,可以加强材料管理,促进材料管理的专业化、技术化和科学化。

5. 甲、乙双方联合供应方式

甲、乙双方联合供应方式,是指建设项目的开发部门或建设项目业主和建筑施工企业根据分工确定各自的材料采购供应范围,实施材料供应。

甲、乙双方联合供应方式可以充分利用甲方的资金优势,使施工企业发挥其积极性和主动性,提高工作效率。这种供应方式中,大多由甲方负责主要材料、装饰材料和设备,乙方负责其他材料;或者所有材料以一方为主,另一方为辅。无论哪种方式,都会和资金、储备、运输的分工及其利益发生关系。为了保证甲、乙双方责权分明以及工程项目的顺利进行,甲、乙双方在开工前要明确分工,签订材料供应合同。合同内容包括:供应范围,供应材料的交接方式,材料采购、供应、保管、运输的取费及有关费用的计取方式和材料供应中可能出现的其他问题。

合同规定的材料供应范围应包括工程项目施工用的主要材料、装饰材料、水电材料、辅助材料、周转材料、专用设备、各种制品、工具用具等的分工范围,须明确到具体的材料品种甚至规格。材料供应的交接方式包括材料的验收、领用、发放、保管及运输和分工及责任的划分;材料交接过程中可能出现的问题的处理方法和程序。合同中还应规定采购保管费的计取、结算方法,成本核算方法,运输费的承担方式,现场二次搬运费、装卸费、试验费及其他费用,材料采购中价差核算方法及补偿方式。还有一些可能出现的其他的问题,如质量、价格认证及责任分工等都应列入合同并阐明要求。

6. 限额供应

限额供应也称定额供应,是指根据计划期内施工生产任务、材料消耗定额和技术节约措施等因素确定的供应材料数量标准来供应材料的方式。

限额供应分为定期和不定期两种。可按月、按季限额,也可不论时间长短,按部位、按分项工程限额。限额供应可以将材料一次或分批供应就位,但累计总量不得超过限额数量。

限额供应以材料消耗定额为基础,明确规定材料的使用标准,有利于促进材料的合理利用,降低材料消耗和工程成本。限额供应方式增加了材料供应工作的计划性和预见性,材料部门预先计算限额数量,以限额领料单的方式通知使用部门,及时掌握库存及使用情况,提高了材料供应工作的效率和准确率。

7. 敞开供应

敞开供应是指材料供应部门根据资源和需求供应,不限制供应数量,材料耗用部门随用随要的供应方式。

敞开供应可以减少施工现场库存量和现场材料管理的工作量。但是敞开供应容易造成材料消耗失控,材料利用率下降,加大工程成本,所以采用敞开供应方式的前提是资源比较丰富,材料采购供应效率较高,而且供应部门必须保持适量的库存。通常只有抢险工程、突击性工程等采用这种供应方式。

8. 领料方式

领料方式也称提料方式,是指由施工生产用料部门根据材料供应部门开出的提(领)料单,在规定的期限内到指定的仓库提(领)取材料,且自行负责材料的运输。

领料供应方式可以使用料部门根据材料耗用和材料加工周期合理安排进料,避免现场材料堆放过多,保管困难。领料方式要求供应部门有较强的应变能力,这样才可以避免与使用部门之间脱节,影响生产的顺利进行。

9. 送料方式

送料方式是指由材料供应部门根据用料单位的申请计划负责组织运输,将材料直接送到用料指定地点。

送料供应方式不仅要求材料供应部门充分了解生产需要,保证供货数量、品种、质量与其要求一致,还要协调送货时间和施工生产进度,平衡送货间隔期和生产进度的延续性。实行送料方式有利于施工生产部门节约领料时间、节约人力和物力;有利于协调、密切供需关系,提高材料供应计划的准确度,保证生产,节约用料;有利于加强材料消耗定额的管理工作,促进施工现场落实技术节约措施。

三、供应方式的选择

材料供应方式多种多样,且各有各的特点,选择合理的供应方式,可以使材料利用最短的流通时间和最低的流通费用投入使用,实现材料流通的合理化。选择材料供应方式时,要综合考虑各方面因素,缩短流通时间,以保证材料的合理使用和价值增值。

1. **需用单位的生产规模**

施工生产中的材料需用数量和生产规模是相对应的。生产规模较大的需用的材料数量较大,适宜选用直达供应方式;生产规模小的需用材料数量相对较少,宜采用中转供应方式。

2. **需用单位的生产特点**

施工生产本身具有阶段性和周期性,对应的材料需用量也会发生波段性的变化,因此材料供应部门也可以分阶段选择不同的材料供应方式。

3. **材料的特性**

选择材料供应方式一定要考虑到所用材料的特性,这样才能合理、高效地完成材料供应工作,保证生产顺利进行。如使用范围较窄的专用材料,钢材、水泥等体大笨重的材料,玻璃、化工材料等储存条件要求高的材料等,宜选取直达供应方式;而使用范围广的通用材料,品种规格多、同一规格需求量不大的材料等则宜选取中转供应方式。

4. **运输条件**

运输条件的好坏直接影响到材料流通的时间和费用。需用单位远离铁路线,不同运输方式的联运业务没有广泛推行的情况下应采用中转供应方式;而需用单位离铁路线较近或有铁路专用线和装卸机械设备等情况下,宜采用直达供应方式。另外,由于铁路运输中的零担运费比整车运费高,运送时间长,所以一次发货量不够整车时,应采用中转供应方式。

5. **供销机构情况**

中转供应方式的选择受到供销机构情况的影响。若供销网点分布广泛,库存材料的数量充足,品种、规格齐全,又离需用单位较近,则适宜选择中转供应方式。

6. **生产企业的订货限额和发货限额**

订货限额是生产企业接受订货的最低数量。发货限额则以一个整车或一个集装箱的装载量为标准;某些普遍用量较小的材料或不便中转供应的材料,如危险材料、腐蚀性材料等,发货限额可以低于上述标准。生产企业的订货限额和发货限额定的过高,则不适宜选择直达供应方式。

上述内容主要对直达供应方式和中转供应方式的选择做了简单的举例说明,在实际操作中,还可以根据实际情况选择其他供应方式。影响材料供应方式选择的因素之间是相互联系的,所以在材料供应方式的选择上,要综合分析各种因素影响的程度,确定最合理的材料供应方式。

四、材料供应的责任制

材料供应管理是企业材料管理的重要组成部分,是企业生产经营的重要内容之一。要形成有实力、有发展的建筑施工企业,必须有良好的材料供应。而良好的材料供应必须具备实用有效的管理措施,建立健全供应责任制。

1. 面向工程项目,提高材料供应服务水平

材料供应部门要做好供应工作,首先要面向工程项目,提高服务水平,主要体现在对施工生产用料单位实行"三包"和"三保"。"三包"即包供、包退、包收;包供是指材料部门应核实并保证全部供应用料单位所申请的材料;包退是指要对不符合质量要求的材料保证退、换服务;包收是指回收用料单位的废料、余料、包装器具等。"三保"即保质、保量、保进度。另外,若采用送料供应方式,还应实行"三定",即定送料分工、定送料地点、定接料人员。

2. 实行材料供应承包制

实行材料供应承包制,可以完善企业经营机制,提高生产效率和企业经济效益。材料供应承包责任制是针对具体的施工过程来说的,通常有三种方式:工程项目材料供应承包制、分部或分项工程材料供应承包制和某种材料的实物量供应承包制。

(1)工程项目材料供应承包制

工程项目材料供应承包制是对工程项目中需用的材料、各种构配件、二次搬运费、工具等费用实施承包责任制,这样有利于承包者统筹安排,提高效益。

(2)分部或分项工程材料供应承包制

分部或分项工程材料供应承包制是对分部或分项工程中所需的材料制定承包合同,实行有控制的供应。这种方式一般用在材料需用量大、造价高的较大的工程上。分部或分项工程材料供应承包有利于促进生产消耗中的管理,降低消耗;同时,由于按分部或分项工程承包,容易造成承包阶段与上一阶段或下一阶段的供需的脱节,影响工程项目的整体利益。

(3)某种材料的实物量供应承包制

某种材料的实物量供应承包制是指对工程项目中某一项材料或某一项中的

某一部分材料实行实物量承包。实物量供应承包制适用于各种材料,尤其是易损、易丢、价值高、用量大的材料,由于涉及的材料品种少,易管理、见效快。

3. 实行材料配送服务

随着招标投标制的推行、建筑施工企业组织结构的调整、生产资料市场的完善和第三方物流业的兴起,一些大型建筑企业中具有独立核算的材料供应企业和供应机构,开始实行工程材料配送服务,逐步由生产型向经营型转变。

工程材料配送服务,是指负责编制"材料标"的部门参与施工企业的工程项目投标,根据招标工程项目的材料需用情况和市场行情提出工程材料造价;中标后,按工程承包合同中的相关内容完成材料供应。

工程材料配送服务也可以由社会材料经营企业或流通企业来完成。随着我国物流行业的迅速发展,材料配送将更多地被独立于施工企业之外的材料经营组织来承担。

第三节 材料定额供应

材料定额供应是目前材料供应中采用较多的管理办法。材料定额供应是指以限额领料为基础,通过建立经济责任制、签订材料定包合同以合理使用材料,提高经济效益。定额供应有利于建设项目加强材料核算,促进材料使用部门合理用料,降低材料成本,提高材料使用效率和经济效益。

一、限额领料的形式

限额领料方法要求施工队组在施工时必须将材料的消耗量控制在该操作项目消耗定额之内。限额领料的形式主要有三种:按分项工程实行限额领料、按工程部位实行限额领料和按单位工程实行限额领料。

1. 按分项工程实行限额领料

按分项工程实行限额领料,是指以班组为对象,按照不同工种所担负的分项工程实行限额领料。这种形式管理范围小,易控制,见效快。但是,由于以班组为对象,容易造成各工种班组只考虑自身利益而忽略相互之间的衔接与配合,这样就可能导致某些分项工程节约较多,而某些分项工程却出现超耗现象。

2. 按工程部位实行限额领料

按工程部位实行限额领料,是指以施工队为责任单位,按照基础、主体结构、装修等施工阶段实行限额领料。这种形式有利于增强整体观念,调动各方面的积极性,有利于各工种之间的配合和供需的衔接。但是,由于有些部位容易发生超耗而使限额难以实施或效果不理想。另外，以施工队为对象增加了限额领料的品种、规格，这就要求具有良好的管理措施和手段在施工队内部进行控制和衔接。

3. 按单位工程实行限额领料

按单位工程实行限额领料，是指对某一个工程，从开工到竣工，包括基础、结构、装修等全部项目实行限额领料。这种形式有利于提高项目独立核算能力，实现产品的最终效果；另外，由于各种费用捆绑在一起，有利于工程统筹安排。按单位工程实行限额领料适用于工期较短的工程，若在工期较长，工程面大，变化较多，技术较复杂的工程上使用，就要求施工队有较高的管理水平，否则容易放松管理，出现混乱。

二、限额领料数量的确定

1. 实行限额领料应具备的技术条件

限额领料必须在具备一定技术条件的情况下实行，具体的技术条件介绍如下。

(1)施工组织设计

施工组织设计是组织施工的总则，用以组织管理、协调人力、物力，妥善搭配、划分流水段，搭接工序、操作工艺，布置现场平面图以及制定技术节约措施。

(2)设计概算

设计概算是由设计单位编制的一种工程费用文件，其编制依据是初步设计图纸、概算定额及基建主管部门颁发的有关取费规定。

(3)施工图预算

施工图预算是由设计单位通过计算编制的单位或单项工程建设费用文件，其依据是施工图设计要求的工程量、施工组织设计、现行工程预算定额及基建主管部门规定的有关取费标准。

(4)施工预算

施工预算是一种经济文件，它用施工定额水平反映完成一个单位工程所需的费用，其依据是施工图计算的分项工程量。

施工预算包括工程量、人工数量和材料限额耗用数量。工程量是指按施工图和施工定额的口径规定计算的分项、分层、分段工程量。确定人工数量时根据工程量及时间定额计算出用工量，再计算出单位工程总用工数和人工数。而材料限额耗用数量是根据工程量和材料耗用定额计算出的分项、分层、分段材料需用量，施工预算时，还要汇总成单位工程材料用量并计算单位工程材料费。

(5)施工任务书

施工任务书是施工生产企业按照施工预算和作业计划把生产任务具体落实到施工队组的一种书面形式,反映施工队组在计划期内所负责的工程项目、工程量和进度要求。施工任务书的主要内容包括:生产任务、工期和定额用工;限额领料的数量及材料、用具的基本要求;按人逐日实行作业考勤;质量、安全、协作工作范围等交底;技术措施要求;检查、验收、鉴定、质量评比及结算。

(6)技术节约措施

技术节约措施采取得当,可以降低材料消耗,保证工程质量。企业定额通常是在一般的施工方法和技术条件下确定的,所以为了保证技术节约措施的有力、有效实施,确定定额用料时还应考虑以节约措施计划为计算依据。

(7)混凝土及砂浆的试配资料

混凝土及砂浆的质量直接影响到工程质量,定额中的混凝土及砂浆消耗标准是根据标准的材质确定的。但是工程中实际采用的材质或多或少与标准有一定差距,要保证工程质量,必须对施工中实际进场的混凝土及砂浆进行试配和试验,并根据试验合格后的用料消耗标准计算定额。

(8)技术翻样和图纸、资料

技术翻样和相关的图纸、资料是确定限额领料的依据之一,主要针对门窗、五金、油漆、钢筋等材料而言。门窗可以根据图纸、资料按有关标准图集给出加工单,而五金、油漆的式样、颜色和规格等要经过与建设单位协商,根据图纸和现有资源确定,钢筋、铁件等也要根据图纸、资料及工艺要求由技术部门提供加工单。

(9)新的补充定额

新的补充定额是对原材料消耗定额的补充或修订,具体根据工艺、材料和管理方法等的变化情况而定。

2. 限额领料数量的确定依据

限额领料的数量和形式无关,遵循共同的原则和依据。只是对于不同的形式,所限的数量和范围不同。

(1)工程量

正确的工程量是计算限额数量的基础。正常情况下,工程量是一个确定的值,但是在实际施工中,由于设计变更、施工人员不按图纸或违规操作等原因,都会引起工程量的变化。因此,计算工程量时要考虑可能发生的变更,还要注意完成部分的工程量的验收,力求正确计算,作为考核依据。

(2)定额的选用

定额的正确选用是计算限额数量的标准。选用定额时,根据施工项目找出定额的相应章节,再查找相应定额,还要注意定额的换算。

(3)技术措施

若施工项目采用技术节约措施,必须根据新规定的单方用料量确定限额数量。

3. 限额领料数量的计算

限额领料数量＝计划实物工程量×材料消耗施工定额－技术组织措施节约额

三、限额领料的程序

限额领料的执行程序包括限额领料单的签发、下达、应用、检查、验收、结算和分析。

1. 限额领料单的签发

签发限额领料单,要由生产计划部门根据分部分项工程项目、工程量和施工预算编制施工任务书,由劳动定额员计算用工数量,然后由材料员按照企业现行内部定额扣除技术节约措施的节约量,计算限额用料数量,填写施工任务书的限额领料部分或签发限额领料单。

在签发过程中,要准确选用定额。若项目采取了技术节约措施,则应按通知单所列配合比单方用量加损耗签发。

2. 限额领料单的下达

限额领料单的下达是限额领料的具体实施过程的第一步,一般一式5份,分别交由生产计划部门、材料保管员、劳资部门、材料管理部门和班组。限额领料单要注明质量等部门提出的要求,由工长向班组下达和交底,对于用量大的领料单应进行书面交底。

所谓用量大的领料单,一般指分部位承包下达的施工队领料单,如结构工程既有混凝土,又有砌砖及钢筋、支模等,应根据月度工程进度,列出分层次分项目的材料用量,以便控制用料及核算,起到限额用料的作用。

3. 限额领料单的应用

限额领料单的应用是保证限额领料实施和节约使用材料的重要步骤。班组料具员持限额领料单到指定仓库领料,材料保管员按领料单所限定的品种、规格和数量发料,并做好领用记录。在领料和发料过程中,双方办理领发手续,在料单中注明用料的单位工程和班组、材料的品种、规格、数量及领用日期,并签字确认。

材料使用部门要对领出的材料做到妥善保管、专料专用。同时,料具员要做好核算工作,出现超额用料时,必须由工长出具借料单,材料人员可以借用一定量的用料,并在规定期限内补办手续,否则将停止发料。限额领料单的应用过程中会出现一些问题,这些问题必须按规定处理好才不会影响材料的领发和使用。

(1)由于气候或天气原因需要中途变更施工项目,领料单中相应项目也要变动处理。

(2)由于施工部署的变化导致施工项目的做法变化,领料单中的项目要做相应增减。

(3)由于材料供应变更导致原施工项目的用料需要变化,领料单需要重新调整。

(4)领料单中的项目到期没有完成的,按实际完成量验收结算,剩余部分下一期重新下达。

(5)施工中常出现的两个或两个以上班组合用一台搅拌机的情况,应分班组核算。

4. 限额领料单的检查

限额领料过程中,班组的用料会受到很多因素的影响。要使班组正确执行定额用料,实行节约措施,材料人员必须深入现场,调查研究,对限额领料单进行检查,发现问题并解决问题。检查限额领料单的内容包括:检查施工项目、检查工程量、检查操作、检查措施的执行、检查活完脚下清。

(1)检查施工项目

检查施工项目,就是要检查班组用料是否做到专料专用,按照用料单上的项目进行施工。实际施工过程中,由于各种因素的影响,施工项目变动比较多,工程量和材料用量也随之变动,这样可能出现用料串项问题。在限额领料中,应经常对以下方面进行检查:

1)设计变更的项目有无变化。

2)用料单所包括的施工项目是否已做,是否甩项,是否做齐。

3)项目包括的内容是否全部完成。

4)班组是否做限额领料单以外的项目。

5)班组之间是否有串料项目。

(2)检查工程量

检查工程量,就是要检查班组已经验收的工程项目的工程量与用料单所下达的工程量是否一致。用料的数量是根据班组承担的工程项目的工程量来计算的。检查工程量,可以促使班组严格按照规范施工,保证实际工程量不超量,材料不超耗。对于不能避免的或已经造成的工程量超量,要通过检查结果,根据具体情况做出相应的处理。

(3) 检查操作

检查操作，就是检查班组施工过程中是否严格按照定额或技术节约措施规定的规范进行操作，已达到最佳预期效果。对于工艺比较复杂的工程项目，应该重点检查主要项目和容易错用材料的项目。

(4) 检查措施的执行

检查措施的执行，就是在施工过程中，检查技术节约措施的执行情况。技术节约措施的执行情况直接影响节约效果，所以不但要按照措施规定的配合比和掺合料签发用料单，还应经常检查并及时解决执行中存在的问题，达到节约的目的。

(5) 检查活完脚下清

检查活完脚下清就是在施工项目完成后，检查用料有无浪费，材料是否剩余。施工班组要做到砂浆不过夜、灰槽不剩灰、半砌砖上墙、大堆材料清底使用、运料车严密不漏、装车不要过高、运输道路保持平整；剩余材料及时清理，做到有条件的随用随清，不能随用的集中起来分选再利用，这样有利于材料节约和人员安全。

5. 限额领料单的验收

限额领料单的验收工作由工长组织有关人员完成。施工项目完成后，工程量由工长验收签字，由统计、预算部门审核；工程质量由技术质量部门验收、签署意见；用料情况由材料部门验收、签署意见，合格后办理退料手续，验收记录见表5-3。

表 5-3 限额领料"五定五保"验收记录

项目	施工队"五定"	班组"五保"	验收意见
工期要求			
质量标准			
安全措施			
节约措施			
协作			

6. 限额领料单的结算

限额领料单验收合格后，送交材料管理员进行结算。材料员根据验收后的工程量和工程质量计算班组实际应用量和实际耗用量，结算盈亏，最后根据已结算的限额用料单登入班组用料台账，定期公布班组用料节超情况，以此进行评比和奖励，结算表见表5-4。

表 5-4 分部分项工程材料承包结算表

单位名称		工程名称		承包项目	
材料名称					
施工图预算用量					
发包量					
实耗量					
实耗与施工图预算比					
实耗与发包量比					
节超价值					
提奖率					
提奖额					
主管领导审批意见			材料部门审批意义		
（盖章）　　年　月　日			（盖章）　　年　月　日		

限额领料单的结算中要注意：施工任务书的个别项目因某种原因由工长或生产部门进行更改，原项目未做或中途增加了新项目，这就需要重新签发用料单并与实际耗用量进行对比；某一施工项目中，由于上道工序造成下道工序材料超耗时，应按实际验收的工程量计算材料用量后再进行结算；要求结算的任务书、材料耗用量与班组领料单实际耗用量及结算数字要交圈对口。

7. 限额领料单的分析

根据班组任务结算的盈亏数量，作节超分析，一般根据定额的执行情况，搞清材料浪费、节约的原因，促使进一步降低工程的成本，降低材料的消耗，为今后的修订与补充定额，提供可靠的资料。

8. 限额领料的核算

核算的目的是考核该工程的材料消耗，是否控制在施工定额以内，同时也为成本核算提供必要的数据及情况

（1）根据预算部门提供的材料分析，做出主要材料分部位的两项对比。

（2）建立单位工程耗料台账，按月等级各工程材料消耗用情况，竣工后汇总，并以单位工程报告形式做出结算，作为现场用料节约奖励，超耗罚款的

依据。

(3)要建立班组用料台账,定期向有关部门提供评比奖励依据。

第四节 材料配套供应

材料配套供应,是指在一定时间内,对某项工程所需的各种材料,包括主要材料、辅助材料、周转使用材料和工具用具等,根据施工组织设计要求,通过综合平衡,按材料的品种、规格、质量、数量配备成套,供应到施工现场。

建筑材料配套性强,任何一个品种或一个规格出现缺口,都会影响工程进行。只有各种材料齐备配套,才能保证工程顺利建成投产。材料配套供应是材料供应管理重要的一环,也是企业管理的一个组成部分,需要企业各部门密切配合协作,把材料配套供应工作搞好。

一、材料配套供应应该遵循的原则

1. 保证重点的原则

重点工程关系到国民经济的发展,所需各项材料必须优先配套供应。有限的资源,应该投放到最急需的地方,反对平均分配使用。

(1)国家确定的重点工程项目,必须保证供应。

(2)企业确定的重点工程项目,系施工进程中的重点,必须重点组织供应。

(3)配套工程的建成,可以使整个项目形成生产能力,为保证"开工一个,建成一个",尽快建成投产,所需材料也应优先供应。

2. 统筹兼顾的原则

对各个单位、各项工程、各种使用方向的材料,应本着"一盘棋"精神通盘考虑,统筹兼顾,全面进行综合平衡。既要保证重点,也要兼顾一般,以保证施工生产计划全面实现。

3. 勤俭节约的原则

节约是社会主义经济的基本原则。建筑工程每天都消费大量材料,在配套供应的过程中,应贯彻勤俭节约的原则,在保证工程质量的前提下,充分挖掘物资潜力,尽量利用库存,促进好材精用、小材大用、次材利用、缺材代用。在配套供应中要实行定额供应和定额包干等经济管理手段,促进施工班组贯彻材料节约技术措施与消耗管理,降低材料单耗。

4. 就地就近供应原则

在分配、调运和组织送料过程中,都要本着就地就近配套供应的原则,并力争从供货地点直达现场,以节省运杂费。

二、做好配套供应的准备工作

1. 掌握材料需用计划和材料采购供应计划

要做好材料的配套供应工作,首先要切实查清工程所需各项材料的名称、规格、质量、数量和需用时间,使配套有据。

2. 掌握可以使用的材料资源

掌握包括内部各级库存现货,在途材料,合同期货和外部调剂资源,加工、改制利用、代用资源等在内的材料资源,使配套有货。

3. 保证交通运输条件

对于运输工具和现场道路应与有关部门配合,保证现场运输路线畅通。

4. 做好交底工作

与施工部门密切配合,对生产班组做好关于配套供应的交底工作,要求班组认真执行,防止发生浪费而打乱配套计划。

三、材料平衡配套方式

1. 会议平衡配套

会议平衡配套又称集中平衡配套。一般是在安排月度计划前,由施工部门预先提出需用计划,材料部门深入施工现场,对下月施工任务与用料计划进行详细核实摸底,并结合材料资源进行初步平衡,然后在各基层单位参加的定期平衡调度会上互相交换意见,解决临时出现的问题,确定材料配套供应计划。

2. 重点工程平衡配套

列入重点的工程项目,由主管领导主持召开专项会议,研究所需用材料的配套工作,决定解决办法,做到安排一个,落实一个,解决一个。

3. 巡回平衡配套

巡回平衡配套,指定期或不定期到各施工现场,了解施工生产需要,组织材料配套,解决施工生产中的材料供需矛盾。

4. 开工、竣工配套

开工配套以结构材料为主,目的是保证工程开工后连续施工。竣工配套以装修和水、电安装材料以及工程收尾用料为主,目的是保证工程迅速收尾和施工力量的顺利转移。

5. **与建设单位协作平衡配套**

施工企业与建设单位分工组织供料时,为了使建设单位供应的材料与施工企业的市场采购、调剂的材料协调起来,应互相交换备料、到货情况,共同进行平衡配套,以便安排施工计划,保证材料供应。

四、配套供应的方法

1. **以单位工程为配套供应的对象**

采取单项配套的方法,保证单位工程配套的实现。配套供应的范围,应根据工程的实际条件来确定。例如以一个工程项目中的土建工程或水电安装工程为配套供应对象。对这个单位工程所需的各种材料、工具、构件、半成品等,按计划的品种、规格、数量进行综合平衡,按施工进度有秩序地供应到施工现场。

2. **以一个工程项目为对象进行配套供应**

由于牵涉到土建、安装等多工种的配合,所需料具的品种规格更为复杂,这种配套方式适用于由现场项目部统一指挥、调度的工程和由现场型企业承建的工程。

3. **大部分配套供应**

采用大部分配套供应,有利于施工管理和材料供应管理。把工程项目分为基础工程、框架结构工程、砌筑工程、装饰工程、屋面工程等几个大部分,分期分批进行材料配套供应。

4. **分层配套供应**

对于半成品和钢木门窗、预制构件、预埋铁件等,按工程分层配套供应。这个办法可以少占堆放场地,避免堆放挤压,有利于定额耗料管理。

5. **配套与计划供应相结合**

综合平衡,计划供应是过去和现在通常使用的供应管理方式。有配套供应的内涵,但计划编制一般比较粗糙,往往要经过补充调整才能满足施工需要,对于超计划用料,也往往掌握不严,难以杜绝浪费。计划供应与配套供应相结合,首先对确定的配套范围,认真核实编好材料配套供应计划,经过综合平衡后,切实按配套要求把材料供应到施工现场,并对超计划用料问题认真掌握和控制。这样的供应计划,更切合实际,更能满足施工生产需要。

6. **配套与定额管理相结合**

定额管理主要包括两个内容,一是定额供料,二是定额包干使用。配套供应必须与定额管理结合起来,不但配套供料计划要按材料定额认真计算,而且要在配套供应的基础上推行材料耗用定额包干。这样可以提高配套供应水平和提高定额管理水平。

7. 周转使用材料的配套供应

周转使用材料也要进行配套供应,应以单位工程对象,按照定额标准计算出实际需用量,按施工进度要求,编制配套供应计划,按计划进行供应。

第六章 材料运输管理

第一节 材料运输管理概述

一、材料运输管理的意义和作用

材料运输是借助运力实现材料在空间上的转移。在市场经济条件下,物资的生产和消费,在空间上往往是不一致的,为了解决物资生产与消费在空间上的矛盾,必须借助运输使材料从产地转移到消费地区,满足生产建设的需要。所以材料运输是物资流通的一个组成部分,是材料供应管理中重要的一环。

材料运输管理,就是运用计划、组织、指挥和调节等手段对材料运输过程进行管理,使其合理化、专业化。

材料运输管理在建筑材料供应及管理中起着至关重要的作用,直接影响工程项目的施工进度和速度,具体体现在以下三个方面。

1. 保证材料供应和施工顺利进行

加强材料运输管理,是保证材料供应和现场施工顺利进行的先决条件。建筑企业在施工生产中,所需材料的品种多、数量大,运输任务相当繁重。要保证材料供应和施工的顺利进行,必须加强材料运输管理,使所需用的材料迅速、安全地运送到施工现场。

2. 加快运输速度,保证施工速度

加强材料运输管理,合理选择运输方式,可以缩短运输里程,加快运输速度,使建筑材料及时地运送到施工现场,避免因材料运输不到位影响施工速度和工程进度。

3. 节省运力运费

加强材料运输管理,选用适当的运输方式和运输工具,可以节省运力和运费,减少材料在途损耗,提高经济效益,降低工程成本。

二、材料运输管理的任务

材料运输管理的基本任务是:根据客观经济规律和材料运输的原则对材料

运输过程进行计划、组织、指挥、监督和调节,争取以最少的里程、最低的费用、最短的时间、最安全的措施将材料运送到目的地。

1. 贯彻"及时、准确、安全、经济"的原则组织运输

材料运输应该遵循"及时、准确、安全、经济"的原则。这四个原则是相互联系,辩证统一的关系,在组织材料运输时,应综合考虑,全面顾及,才能更好地完成材料运输任务。

(1)及时

及时,是指用最短的时间将材料从产地运送到施工用料地点,保证施工生产顺利进行。

(2)准确

准确,是指在材料运输的过程中,禁止出现各种差错或者事故,以保证不错、不乱、不差地完成运输任务。

(3)安全

安全,是指材料在运输的过程中,必须保证人员、车辆等的安全,保证材料质量完好、数量无缺,禁止发生受潮、变质、残损、丢失、燃烧或爆炸等事故。

(4)经济

经济,是指选择合适的运输路线和运输工具,力求以最低的费用完成材料在空间上的转移。

2. 加强材料运输的计划管理

以计划的手段加强材料运输管理,做好货源、流向、路线、现场道路、堆放场地等的调查和布置工作,搞好材料发运、接收和必要的中转业务,装卸配合,协调进行材料运输。

3. 建立和健全以岗位责任制为中心的运输管理制度

材料运输管理的另一个任务就是建立健全运输管理制度。以岗位责任制为中心,明确运输过程各环节中不同工作人员的职责范围,加强经济核算,以提高材料运输管理水平。

三、材料运输管理原则

材料运输管理作用关键,任务艰巨,要做好材料运输管理工作,必须遵循"遵守规程、及时准确、安全运输、经济合理"的原则。

1. 遵守规程

承托运双方在办理货物运输时必须遵守相关的货物运输规程。目前实施的主要有铁道部颁发的《铁路货物运输规程》,由交通部颁发的《水路货物运输规则》、《汽车货物运输规则》、《直属水运企业货物运价规则》,由中国民用航空总局颁发的《国内货物运输规则》等,以及由这些引申的各项规则和办法,如由《铁路货物运输规程》引申的《铁路货物运价规则》、《铁路鲜活货物运输规则》、《铁路超限货物运输规则》、《铁路货物装载加固规则》、《货运日常工作组织办法》、《快运货物运输办法》等;还有各省、市、地区交通运输主管部门制定的适合地方货物运输的各项规则和办法。这些规程、办法是划分承托运双方责权和义务的依据,组织材料运输时必须履行。

货物运输规程中规定的主要内容包括:货物的托运、受理、承运、装卸、交接和达到期限等,承运人、托运人、收货人的责任和义务,货物运输合同的变更和解除,事故和争议的处理等。

2. 及时准确

只有严格做好运输中各个环节的管理和衔接工作,才能保证运输的及时准确性。

要使材料迅速、及时地运往施工用料现场,首先要考虑采购地区的运输是否畅通,是否有足够的运输能力,还要事先选择、准备好运输工具,这样可以减少材料的在途时间,加速材料流转,确保施工用料。运送材料的准确性,包括材料的品种、规格和数量无误准确,在指定地点装卸材料,按规定时间送达目的地。

3. 安全运输

保证材料运输的安全性必须对从事货物运输的人员进行专业培训和安全教育,在执行运输任务之前制定一系列包括运输、中转、保管、装卸的安全措施和紧急突发事故的处理办法,还要配备必要的安全设施。运输材料属于易燃易爆或有毒材料时,还必须制定紧急事故防范预案。

4. 经济合理

建筑企业要提高运输经济效益,必须经济合理地组织材料运输,选择最经济的运输路线和运输工具,加强装卸和中转管理,采取措施减少材料在途损耗;加强材料运杂费的审核,避免不合理和不必要的费用支出。

第二节　材料运输管理

一、材料的运输方式

材料运输有许多种方式,它们采用不同的运输工具,能适应不同情况的材料运输。在组织材料运输时,应根据各种运输方式的特点,结合所运材料性质、运输距离、地理位置和时间缓急等来选择运输方式。

1. 六种基本运输方式及其特点

(1) 铁路运输

铁路运输是我国主要的运输方式之一,它与水路干线和各种短途运输相衔接,形成一个完整的运输体系。

铁路运输一般不受季节和气候的影响,连续性强;具有运输能力大、速度快、费用低的优点;铁路运输的管理高度集中,运行具有安全准确性;可设置专用线,使大宗材料直达使用区域。由于铁路运输始发和到达时的作业费用比较高,短途运输不经济,所以主要用于运输远程物资;另外铁路运输计划要求严格,必须按照铁道部的规章制度组织执行运输任务。

(2) 公路运输

公路运输是现代重要的运输方式之一,是铁路运输不可缺少的补充。公路运输具有运输面广、机动灵活、运行快速、装卸方便等优点。公路运输担负着极其广泛的中、短途运输任务;由于运费较高,不适于长距离运输,大多用于地区性运输。

(3) 水路运输

水运在我国整个运输活动中占有重要的地位。我国河流多,海岸线长,通航潜力大,是最经济的一种运输方式。沿江、沿海的企业用水路运输建筑材料,是很有利的。

水路运输具有运载量较大,运费低廉的优点。但受地理条件的制约,直达率较低,往往要中转换装,因而装卸作业费用高,运输损耗也较大;运输的速度较慢,材料在途时间长,还受枯水期、洪水期和结冰期的影响,准时性、均衡性较差。

(4) 航空运输

空运速度快,能保证急需。但飞机的装运量小、运价高,不能广泛使用。只适宜远距离运送急需的、贵重的、量小的或时间性较强的材料。

(5) 管道运输

管道运输是一种新型的运输方式,有很大的优越性。其特点是运送速度快、损耗小、费用低、效率高。适用于输送各种液、气、粉、粒状的物资。我国目前主要用于运输石油和天然气。

(6) 民间群运

民间群运,主要是指人力、畜力和木帆船等非机动车船的运输。这种运输工具数量多,调动灵活,对路况要求不高,可以直运直达。建筑材料的短途运输和现场转运,仍大量采用。但这种运输情况比较复杂,也容易发生吨位不足,应该加强管理,把好材料验收关。

上述六种运输方式各有其优缺点和适用范围。在选择运输方式时,要根据材料的品种、数量、运距、装运条件、供应要求和运费等因素择优选用。

各种运输方式的比较及适宜选用范围见表6-1。

表6-1 各种运输方式比较特性

特性 运输方式	运费	速度	连续性	灵活性	通过能力	适宜选用范围
铁路	较低	较快	较好	较差	较大	长途运输
公路	较高	较快	较好	较好	较大	中、短途运输
水运	低	较慢	最差	最差	大	沿江、沿海建材的中、长途运输
空运	最高	最快	较差	较好	小	贵重、急需、最小材料的长途运输
管道	最低	较快	最好	较差	大	目前还不能运输建筑材料
民间群运	较低	最慢	较差	最好	较小	短途运输

2. 其他运输形式及其特点

(1) 联运

一般由铁路和其他交通运输部门本着社会化协作的原则,在组织运输的过程中,把两种或两种以上不同的运输方式联合起来,实行多环节、多区段相互衔接,实现物资运输的一种运输方式。

联运的优点是发运时只办一次托运,手续简便,可以缩短物资在途时间,充分发挥运输工具和设备的效能,提高运输效率。

联运的形式有水陆联运、水水联运、陆陆联运和铁、公、水路联运等。一般货源地较远,又不能用单一的方式进行运输的,就要采用联运的形式。

(2) 散装运输

散装运输是指产品不用包装、使用专用设备组织运输的形式,目前主要应用于水泥的运输。散装运输可以节约包装材料,减少运输费用,保证材料质量,改善劳动条件,提高劳动生产率。

(3) 集装箱运输

集装箱是一种特殊的容器,集装箱运输是使用集装箱进行物资运输的一种形式。集装箱运输采用机械化装卸作业,是一种新型、高效的运输形式。

集装箱运输是国家重点发展的一种运输形式,具有安全、迅速、简便、节约、高效的特点,但设备要求较高。目前采用集装箱运输的建筑材料主要有水泥、玻璃、石棉制品、陶瓷制品等。

二、普通材料运输和特种材料运输

各种建筑材料具有不同的性质和特征,在材料运输中,必须根据材料各自的性质、特点,选用合适的运输工具,采取相应的安全措施,才能保证将材料及时、准确、安全地送到施工用料地点。按照材料的运输条件,可以将材料运输分为普通运输和特种运输。

1. 普通材料运输

普通材料运输不需要特殊的运输工具,使用铁路的敞车、水路的普通船队或货驳、汽车的一般载重货车装运即可。如砂子、石料、砖瓦和煤炭等材料的运输。

2. 特种材料运输

特种材料运输,是指需用特殊结构的装运工具,或需要采取特殊运送措施的运输。特种材料运输,有超限材料运输、危险品材料运输、易腐材料运输等。

(1)超限材料运输

运输管理部门在各种规程、办法中都规定了运输材料的长、宽、高、重的标准尺度,超过这个标准尺度的材料的运输都要具体情况具体分析、对待,采取相应措施,遵守相应规程。

铁路运输中,超限材料是指一件材料装车后在平直线上停留时,高度和宽度超过机动车辆界限的材料;超长材料是指单件长度超过所装平车长度,需要使用游车或跨装运输的材料;笨重材料是指单件重量大于应装平车负重面长度的最大载重量的材料。

水路运输的材料,单件重量或长度超过规定标准的,应按笨重材料或长大材料托运。

汽车在市区运送超限、超长、笨重材料时,必须经公安、市政、车辆管理部门审查并下发准运证,在规定的线路和时间内行驶,还必须在材料末端悬挂红色标志。特殊超高的材料,要派专门车辆在前面引路,以排除障碍。凡是超限、超长和笨重材料的运输,都应按公安交通运输管理部门颁发的相关材料运输规则办理。

(2)危险品材料运输

危险品材料是指具有自燃、易燃、易爆、毒害和放射等特性,在运输过程中可能发生人民生命、财产安全事故的材料,如汽油、酒精、油纸、油布、硫酸、生石灰、火柴、生漆、雷管、镭、铀等。

装运危险品材料,必须严格按照危险品材料运输要求安排运输工具,如水路装运生石灰,应选用良好的不漏水的船舶;装运汽油等流体危险品材料,应选用有接地装置的槽罐车。

运输危险品材料必须遵守公安交通运输管理部门颁发的危险品材料运输规则。主要注意事项包括:

1) 托运人必须在材料单中完整填写材料的学名；并按国家标准规定在材料包装物或挂牌上标印"危险品货物"的字样或标志，见图6-1。

| (红色) | (红色) | (红色) | (红色) | (黑色) | (黑色) |
| 爆炸品 | 氧化剂 | 易燃物品 | 自燃物品 | 有毒品 | 腐蚀性物品 |

图6-1 危险品包装标志

2) 装运前应根据材料性质、运送路程、沿途路况等选用合适的车辆，采用安全的方式包装好。要有良好的包装和容器，装运前做好检查，防止发生跑、冒、滴、漏现象。

3) 装卸时轻搬轻放，严禁摩擦、碰撞、翻滚、重压或倒置，货物堆放整齐，捆扎牢固，码垛不能过高；装卸工人应注意自身防护，穿戴必需的防护用具。

4) 装运过程中必须做好防火、防静电工作，车厢内严禁吸烟，车辆不得靠近明火、高温场所和太阳暴晒的地方；装运石油类的油罐车在停驶、装卸时应安装好地线，行驶时，应使地线触地。

5) 对需要防潮的材料，要注意防水，保持通风良好，如油布、油纸等；对性质相互抵触的危险品材料，严禁混装、混堆，如雷管、炸药等。

6) 汽车运输应在车前悬挂标志；司机应严格控制车速，保持车距，遇有情况提前减速，避免紧急刹车，严禁违章超车，确保行车安全。

7) 装载危险品的车辆不得在学校、机关、集市、名胜古迹、风景游览区停放。

8) 危险品卸车后应清扫车上残留物，被危险品污染过的车辆及工具必须洗刷清毒。

（3）易腐材料运输

一般易腐蚀材料对温度和湿度较为敏感或有特殊要求，因此应选用冷藏车、保温车等特种车辆，确保材料不腐蚀。

三、材料的托运、装卸和领取

材料运输包括材料的托运、承运、装卸、到达和交接等工作过程，还涉及材料在运输途中的货损、货差的处理。

1. 材料的托运和承运

铁路整车和水路整批托运材料，应由托运单位在规定日期内向有关运输部门提出月度货物托运计划，铁路运输的货物应填写"月份要车计划表"，水路运输的货物应填写“月度水路货物托运计划表”，托运计划经有关运输主管部门平衡批准后，按批准的月度托运计划向承运单位托运材料。

发货人托运货物，应向车站(起运港)按批提出“货物运单”。货物运单是发货人与承运单位之间为共同完成货物运输任务而填制的，具有运输契约性质的一种运送票据。货物运单应认真具体逐项填写。

托运的货物应按毛重确定货物的重量，运输单位运输货物按件数和重量承运。货物重量是承运和托运单位运输货物、交接货物和计算运杂费用的依据。

发货人应在承运单位指定的日期内将运输的材料搬入运输部门指定的货场或仓库，以便承运单位装运。

发货人托运的材料，应根据材料的性质、重量、运输距离以及装载条件，使用便于装卸和保证材料安全的运输包装。材料包装直接影响材料运输质量，必须选用牢固的包装。有特殊运输和装卸要求的材料，应在材料包装上标印或粘贴“运输包装指示标志”，见图 6-2。

向上
防湿
小心轻放
由此吊起
由此开启
重心点
防热
防冻

图 6-2　运输包装指示标志

货物标记(货签)式样

○

运输号码 ________

运　　站 ________

收 货 人 ________

货物名称 ________

总 件 数 ________

发　　站 ________

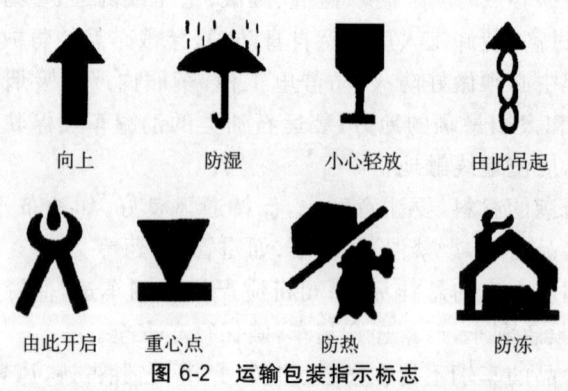

图 6-3　货物标记式样

托运零担材料时，应在每件货物上标明“货物标记”(图 6-3)，在每件材料的两端各拴挂一个，不适宜用纸签的货物应用油漆书写，或采用木板、金属板、塑料板等制成的标记。材料的运费是依据材料等级、里程和重量，按规定的材料运价计算。另外还有装卸费、过闸费和送车费等费用。材料的运杂费应在承运的当天一次付清，如承托运双方订有协议的，按协议规定办理。

发运车站(起运港)将发货人托运的货物，经确认一切符合运送要求和核收运杂费后，加盖车站(港口)承运日期戳，表示材料已经承运。承运是运输部门负责运送材料的开始,对发货人托运的材料承担运送的义务和责任。

为了预防材料在运输过程中发生意外事故损失,托运单位应向保险公司投保材料运输保险。一般可委托承运单位代办或与保险公司签订材料运输保险合同。

2. 到达后的交接

材料运到后,由到站(到达港)根据材料运单上发货人所填记的收货人名称、地址和电话,发出到货通知,通知收货人到指定地点领取材料。到货通知一般有电话通知、书信通知和特定通知等方法。

设有铁路专用线的建筑企业,可与到站协商签订整车送货协议,规定送货方法。设有水路自有码头和仓栈的建筑企业可与运输单位协商,采取整船材料到达预报的联系方法。收料人员在接收运输的材料时,应按材料运单规定的材料名称、规格和数量,与实际装载情况进行核对,经确认无误由收货人在有关运输凭证上签名盖章,表示运输的材料已经收到。

材料在到站(到达港)货场或仓库领取的,收货人应在运输部门规定期限内提货,过期提货应向到站(到达港)缴付过期提货部分材料的暂存费。

3. 材料的装货和卸货

材料的装货和卸货必须贯彻"及时、准确、安全和经济"的材料运输原则。这是因为做好材料装卸是完成材料采购、运输和供应任务的保证,是提高企业经济效益和社会效益的重要环节。对材料装卸应做好以下工作:

(1)平时应掌握运输、资源、用料和装卸有关的各项动态,做到心中有数,做好充分准备。

(2)随时收听天气预报,注意天气变化。

(3)准备好麻袋、纸袋,以便换装破袋和收集散落材料;做好堵塞铁路货车漏洞用的物品等准备工作。

(4)随时准备好货场、货位和仓位,以便装卸材料。

(5)做好车、船动态的预报工作,并做好记录。

(6)材料装货前,要检查车、船的完整,要求没有破漏,车门车窗齐全和做好车、船内的清扫等工作;装货后,检查车、船装载是否装足材料数量。

(7)材料卸货前,要检查车、船装载情况;卸货后,检查车、船内材料是否全部卸清。

发生延期装货和延期卸货时应查明原因,属于人力不可抗拒的自然原因(包括停电)和运输部门责任的,应在办理材料运输交接时,在运输凭证上注明发生的原因;属于发货人或收货人责任的,应按实际装卸延期时间按照规定支付延期装货或延期卸货费用。

避免发生延期装卸，一般可采取如下措施：收、发料人员严格执行岗位责任制，应在现场督促装卸工人做好材料装卸工作；收、发料单位应与装卸单位相互配合，搞好协作，安排好足够装卸力量，做到快装快卸，如有条件，可签订装卸协议，明确责任，保证车、船随到随装，随到随卸；装卸机械要定期保养和维修，建立制度，保持机械设备完好；码头、货位、场地应经常保持畅通，防止堵塞；调派车、船时，应在装卸地点的最大装卸能力范围内安排，不能过于集中，否则超过其最大装卸能力就会造成车、船的延装和延卸。

4. 运输中货损、货差的处理

货差是指货物在运输过程中发生数量的损失；货损是指货物在运输过程中发生货物的质量、状态的改变。货差和货损都是运输部门的货运事故。

货运事故可分为七大类：火灾；被盗（有被盗痕迹）；丢失（全批未到或部分短少，没有被盗痕迹）；损坏（破裂、变形、磨伤、摔损、部件破损、湿损、漏失）；变质（腐烂、植物枯死、活动物非中毒死亡）；污染（污损、染毒、活动物中毒死亡）；其他（整车、整零车、集装箱车的票货分离和误运送、误交付、误编、伪编记录以及其他造成影响而不属于以上各类的事故）。

货运事故发生时，应立即会同运输部门处理并记录。这里的记录有两种，分别为"货运记录"和"普通记录"。

(1) 货运记录

货运记录，是一种具有法律效力的基本文件，可以作为分析事故责任和托运人要求承运人赔偿货物的依据。货运记录要如实记载事故货物及有关方面的当时现状，不得在记录中作任何关于事故责任的结论。货运记录各栏应逐项填记。事故详细情况栏应记明货车车体、门窗、施封或篷布的情况，货物包装及装载状态，事故货件装载位置，损失程度等。货运记录应有运输部门负责处理事故的专职人员签名或盖章，并加盖运输部门公章或专用章。

(2) 普通记录

普通记录只是一般的证明文件，不能作为托运人向承运人索取赔偿的依据。普通记录要如实记载有关情况，也要求有运输部门有关人员签名或盖章并加盖运输部门公章。

若发生货运事故，托运部门在提出索赔时，应向运输部门提出货物运单、货运记录、赔偿要求书以及规定的其他证明证件。

四、材料运输的合理化

1. 合理运输

合理运输就是在材料运输中用最少的劳动消耗，花费最少的时间，走最短的里程,达到最大的经济效果。组织合理运输,是为了以较少的劳动消耗来完成较多材料运输任务。合理运输可以减少材料运输过程中的浪费,大大地节约运输力量,提高运输效率;可以节约运输费用,降低材料成本;可以协调各种运输工具的安排;可以使生产、供应、运输和销售部门间实现良好衔接,提高工作效率。

2. 常见的不合理运输方式

组织材料合理运输,必须减少不合理的材料运输。不合理的运输,会造成运输过程中人力、物力和财力上的浪费,具体表现形式主要有以下三种:

(1) 对流运输

对流运输指同品种货物在同一条运输线路上,或者在两条平行的线路上相向而行,见图6-4。

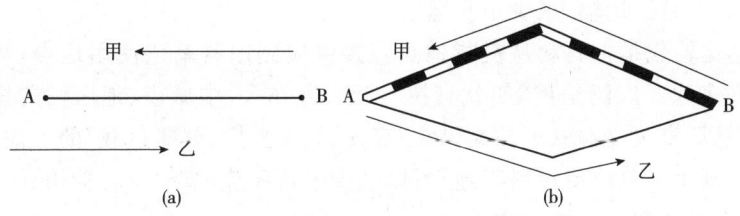

图6-4 对流运输

(a)同一条运输线路上的对流运输;(b)两条平行运输线路上的对流运输

(2) 迂回运输

迂回运输是指从发运地到目的地,不是走最短的路线,而是迂回绕道造成过多的运输里程,见图6-5。

(3) 重复运输

重复运输是指同一批货物,由发运地运到后,不经过任何加工作业处理又重复运往发运地点,见图6-6。

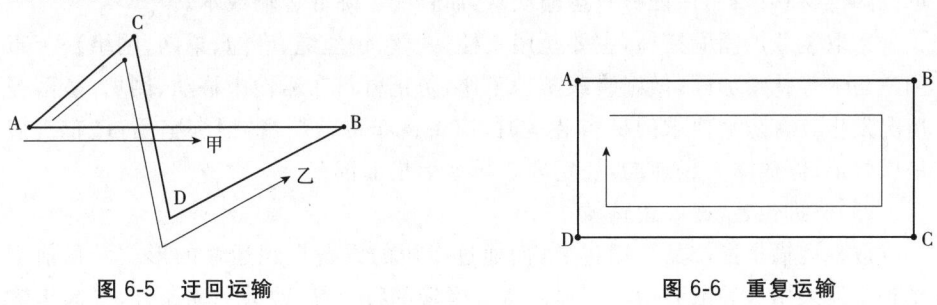

图6-5 迂回运输　　　　　　图6-6 重复运输

在安排采购供应和运输计划及材料调运等工作中应设法避免这些不合理运输。

3. 组织材料的合理运输

货源地点、运输路线、运输方式、运输工具等都是影响运输效果的主要因素,要组织合理运输,应从这几方面着手。首先在材料采购过程中,应该就近就地采购,组织运输距离最短的货源,为合理运输创造条件。要编制和落实运输计划,设计最佳运输路线,选择适宜的运输工具并指导实施。

合理组织材料运输的途径,要注意以下几个方面:

(1)选择合理的运输路线

根据交通运输条件与合理流向的要求,选择里程最短的运输路线,最大限度地缩短运输的平均里程,消除各种不合理运输,如对流运输、迂回运输、重复运输等运输行为。组织建筑材料运输时,要采用分析、对比的方法,结合运输方式、运输工具和费用开支进行选择。

(2)采取直达运输,减少中转运输环节

直达运输就是把材料从交货地点直接供应到用料单位使用地点,减少中转环节。许多地区广泛采用"四就直拨"方法,即在大、中城市、地区性的短途运输中采取"就厂直拨、就站(车站或码头)直拨、就库直拨、就船过载"的方法,把材料直接运送到用料单位或用料工地,可以减少中转环节,节约流转费用。

(3)选择合理的运输方式

根据材料的特点、数量、性质、需用的缓急、里程的远近和运费高低,选择合理的运输方式,以充分发挥其最佳效用。比如大宗材料运距在 100km 以上的远程运输,应选用铁路运输;沿江沿海大宗材料的中、长距离运输宜采用水运。一般中距离材料运输以汽车运输为宜,条件合理也可以使用火车;短途运输、现场转运,使用民间运输工具则比较合理;紧急需用的材料宜使用航空运输方式。

(4)提高材料运输装载技术

装载技术,是提高材料运输效率的重要环节。提高材料运输装载技术,不仅可以降低材料损耗,保证材料运输质量,而且能够降低运输成本。

采取装载加固的措施,主要是用支柱、铁丝、钢丝绳、麻绳、罩网(网络)、苫布和三角木等扎紧加固,做好装载防护工作,防止材料在运输中移动、倒坍、坠落等情况发生。有防潮要求的材料装运时,应将篷布覆盖严密,捆绑牢固;篷布搭盖呈屋脊形;停放露天场地的,一定要在场地上垫上苫布。

(5)改进包装,提高运输效率

散装运输是指产品不用包装,而通过专用的设备组织运输的形式。目前主要是水泥采用这种散装运输形式。散装运输的特点是,改善劳动条件,提高运输生产率,节约包装材料,减少运耗,保证材料质量。近年来我国积极发展水泥散装运输,供货单位配备散装库,铁路配置罐式专用车,中转供料单位设置散装水泥库及专用汽车和装卸设备,施工单位须置备或租用散装水泥罐或专用仓库。

集装箱运输是指将分散包装的材料集中装载于固定的容器——集装箱而集成一组,采用机械化装卸作业,是一种高效率的运输形式。集装箱运输的特点是安全、迅速、简便、节约、高效,是重点发展的一种运输方式。建筑材料中的水泥、玻璃、石棉制品、陶瓷制品等都已广泛采用这种方式。

第七章 材料储备管理

第一节 材料储备管理概述

材料储备管理是指对仓库全部材料的收、储、管、发业务和核算活动实施的管理。

材料储备管理是材料从流通领域进入企业的"监督关";是材料投入施工生产消费领域的"控制关";材料储存过程又是保质、保量、完成无缺的"监护关"。所以,材料储备管理工作负有重大的经济责任。

一、仓库的分类和规划

1. 仓库的分类

(1)按储存材料的种类划分

1)综合性仓库

综合性仓库建有若干库房,储存各种各样的材料。如在同一仓库中储存钢材、电料、木料、五金、配件等。

2)专业性仓库

专业性仓库只储存某一类材料。如钢材库、木料库、电料库等。

(2)按保管条件划分

1)普通仓库

普通仓库用来储存没有特殊要求的一般性材料。

2)特种仓库

某些材料对库房的温度、湿度、安全有特殊要求,特种仓库就是按照不同的要求设立的,如保温库、燃料库、危险品库等。水泥由于粉尘大,防潮要求高,因而水泥库也是特种仓库。

(3)按建筑结构划分

1)封闭式仓库

封闭式仓库指有屋顶、墙壁和门窗的仓库。

2)半封闭式仓库

半封闭式仓库指有顶无墙的料库、料棚。

3）露天料场

露天料场主要储存不易受自然条件影响的大宗材料。

（4）按管理权限划分

1）中心仓库

中心仓库指大中型企业（公司）设立的仓库。这类仓库材料吞吐量大，主要材料由公司集中储备，也叫做一级储备。除远离公司独立承担任务的工程处核定储备资金控制储备外，公司下属单位一般不设仓库，避免层层储备，分散资金。

2）总库

总库指公司所属项目经理部或工程处（队）所设施工备料仓库。

3）分库

分库指施工队及施工现场所设的施工用料准备库，业务上受项目经理部或工程处（队）直接管辖，统一调度。

2. 仓库的规划

（1）材料仓库位置的选择

材料仓库的位置是否合理，直接关系到仓库的使用效果。仓库位置选择的基本要求是"方便、经济、安全"。

1）交通方便，材料的运送和装卸都要方便。材料中转仓库最好靠近公路（有条件的设专用线）；以水运为主的仓库要靠近河道码头；现场仓库的位置要适中，以缩短到各施工点的距离。

2）地势较高，地形平坦，便于排水、防洪、通风、防潮。

3）环境适宜，周围无腐蚀性气体、粉尘和辐射性物质。危险品库和一般仓库要保持一定的安全距离，与民房或临时工棚也要有一定的安全距离。

4）有合理布局的水电供应设施，利于消防、作业、安全和生活之用。

（2）材料仓库的合理布局

材料仓库的合理布局，能为仓库的使用、运输、供应和管理提供方便，为仓库各项业务费用的降低提供条件。合理布局的要求是：

1）适应企业施工生产发展的需要。如按施工生产规模、材料资源供应渠道、供应范围、运输和进料间隔等因素，考虑仓库规模。

2）纳入企业环境的整体规划。按企业的类型来考虑，如按城市型企业、区域性企业、现场型企业不同的环境情况和施工点的分布及规模大小来合理布局。

3）企业所属各级各类仓库应合理分工。根据供应范围、管理权限的划分情况来进行仓库的合理布局。

4）根据企业耗用材料的性质、结构、特点和供应条件，并结合新材料、新工艺的发展趋势，按材料品种及保管、运输、装卸条件等进行布局。

(3) 仓库面积的确定

仓库和料场面积的确定，是规划和布局时需要首先解决的问题。可根据各种材料的最高储存数量、堆放定额和仓库面积利用系数进行计算。

1) 仓库有效面积的确定

有效面积是实际堆放材料的面积或摆放货架货柜所占的面积，不包括仓库内的通道、材料架与架之间的空地面积。

2) 仓库总面积计算

仓库总面积为包括有效面积、通道及材料架与架之间的空地面积在内的全部面积。

(4) 材料储备规划

材料仓库的储存规划是在仓库合理布局的基础上，对应储存的材料作全面、合理的具体安排，实行分区分类，货位编号，定位存放，定位管理。储存规划的原则是：布局紧凑，用地节省，保管合同，作业方便，符合防火、安全要求。

二、材料储备管理在施工企业生产中的地位和作用

材料储备管理是保证施工生产顺利进行的必不可少的条件，是保证材料流通不致中断的重要环节。加强材料储备管理，可以加速材料的周转，减少库存，防止新的积压，减少资金占用，从而可以促进物质的合理使用和流通费用的节约。

材料储备管理是材料管理的重要组成部分。材料储备管理是联系材料供应、管理、使用三方面的桥梁，储备管理得好坏，直接影响材料供应管理工作目标的实现。材料储备管理是保持材料使用价值的重要手段。材料储备中的合理保管，科学保养，是防止或减少材料损害、保持其使用价值的重要手段。

三、材料储备管理的基本任务

材料储备管理是以优质的储运劳务，管好仓库物资，为按质、按量、及时、准确地供应施工生产所需的各种材料打好基础，确保施工生产的顺利进行。其基本任务是：

(1) 组织好材料的收、发、保管、保养工作。要求达到快进、快出、多储存、保管好、费用省的目的，为施工生产提供优质服务。

(2) 建立和健全合理的、科学的仓库管理制度，不断提高管理水平。

(3) 不断改进材料储备技术，提高仓库作业的机械化、自动化水平。

(4) 加强经济核算，不断提高仓库经营活动的经济效益。

(5) 不断提高材料储备管理人员的思想、业务水平，培养一支储备管理的专职队伍。

四、材料储备的分类

建筑企业材料储备处于生产领域内，是生产储备，分为经常储备、保险储备和季节储备。

1. 经常储备

经常储备也称周转储备，是指在正常供应条件下的供应间隔期内，施工生产企业为保证生产的正常进行而需经常保持的材料库存。经常储备在进料后达到最大值，叫最高经常储备；随着材料陆续投入使用而逐渐减少，在下一批材料到货前，降到最小值，叫最低经常储备。材料储备到最低经常储备值时，须补充进料至最高经常储备，这样周而复始，形成循环。在均衡消耗、等间隔、等批量到货的条件下，材料库存曲线如图 7-1。

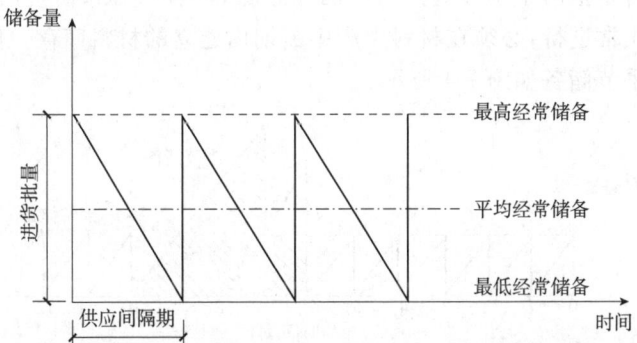

图 7-1　均衡消耗、等间隔、等批量到货情况下的储备量曲线

但是实际建筑施工生产过程中，材料的消耗是不均衡的，到货间隔和批量也不尽相同，所以库存曲线具有随机性，如图 7-2 所示。

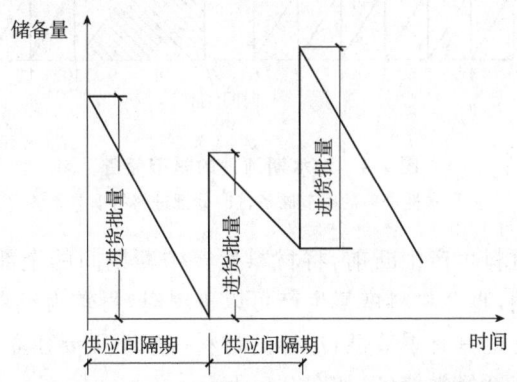

图 7-2　随机型消耗、随机型到货条件下的储备量曲线

2. 保险储备

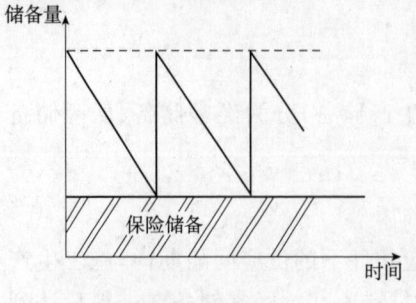

图7-3 保险储备

保险储备是指在材料不能按期到货、到货不合用或材料消耗速度加快等情况下,为保证施工生产的正常进行而建立的保险性材料库存。施工生产企业平时不动用保险储备,只在必要时动用且需立即补充。保险储备是一个常量,库存曲线图如图7-3所示。

保险储备不必要对所有材料建立,主要针对一些不容易补充、对施工生产影响较大而又不能用其他材料代替的材料。

3. 季节储备

季节储备是指由于季节变换的原因导致材料生产中断,而生产企业为保证施工生产的正常进行,必须在材料生产中断期内建立的材料库存。例如,南方洪水期河砂的季节储备如图7-4所示。

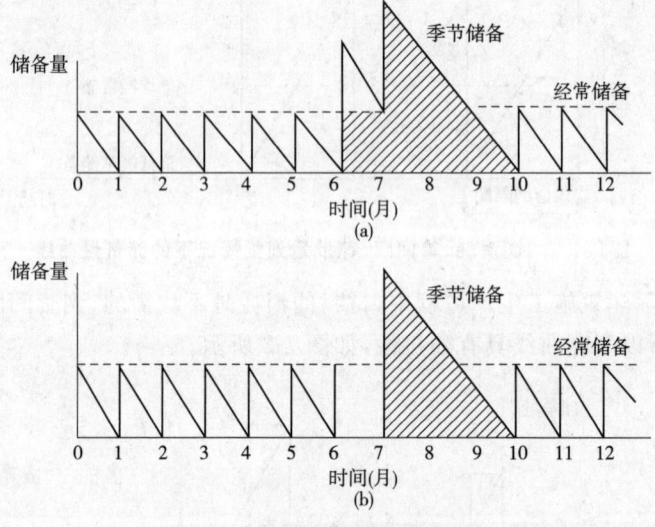

图7-4 洪水期河砂的季节储备
(a)一次性进料的季节储备;(b)分批进料的季节储备

季节储备在材料生产中断前,将材料生产中断期间的全部需用量一次或分批购进、存储、备用,直至材料恢复生产可以进料时,再转为经常储备。由于某些材料在施工消费上也具有季节性,这样的材料一般不需要建立季节储备,只要在用料季节建立季节性经常储备,如图7-5所示。

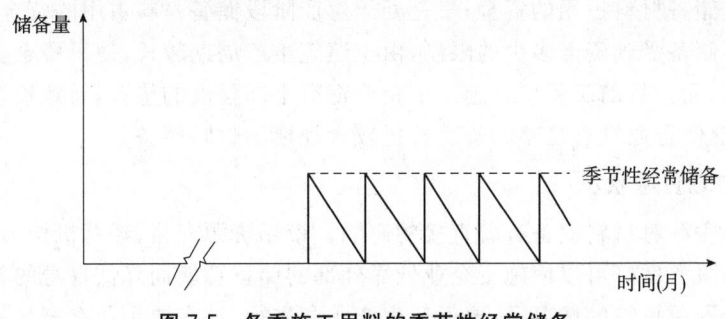

图 7-5　冬季施工用料的季节性经常储备

另外,还有一些潜在的资源储备,如处于运输和调拨途中的在途储备,已到达仓库但未正式验收的待验储备等,这些储备虽不能使用,也不被单独列入材料储备定额,但是它们同样占用资金,所以计算储备资金定额时,要将其加入计算。

五、影响企业材料储备的因素

建筑企业材料储备受到很多因素的影响,如材料消耗特点、供应方式、材料生产和运输等。

1. 施工生产中材料消耗的特点

施工生产中材料消耗的突出特点是不均衡性和不确定性。

建筑材料的生产受到季节性的影响,另一方面,由于施工中,单位工程的不同施工阶段可能发生任务变更或设计变更,这些都会影响材料消耗,使其呈现出错综复杂的特点。因此,使用统计资料得到的储备定额在执行中往往与实际消耗有些出入,所以必须注意加以调整,以适应不同情况的需要。对于一些特殊的材料,要随时关注耗用情况,提前订货储备,保证施工使用。总之,材料储备要适应各种材料消耗的不同特点,符合材料消耗规律,避免发生缺料、断料,保证施工生产顺利进行。

2. 材料的供应方式

不同的材料供应方式对施工生产的供料保证程度不尽相同,同时也决定了不同模式的材料储备。

3. 材料的生产和运输

材料生产具有周期性和批量性,而材料消耗却具有配套性和随机性。材料的成批生产和配套消耗之间的矛盾可以由材料储备来调节。另外,材料资源和供应间隔期受运输能力的影响和制约,也会影响材料的正常储备。

4. 材料储备资金

建筑企业材料储备资金主要包括三个部分:一是在库储备材料占用的资金;

二是在途储备材料占用的资金;三是处于生产阶段储备材料占用的资金。

材料储备受到资金多少的限制,由于建筑生产周期较长,使得资金占用和周转期较长;而且目前工程项目施工中企业都有不同程度的垫资,导致资金普遍紧张,这些都使企业没有足够的资金支付较大规模的材料储备。

5. **市场资源状况**

市场资源对材料储备有着直接的影响。市场资源充裕,经营机构分布合理,流通机构服务良好可以使施工企业依靠外部的储备功能而降低自身的材料储备量。市场资源短缺的情况下,要保证生产顺利进行,就需要企业有充足的自我储备和较强的调节能力。

6. **材料管理水平**

材料管理水平也会影响材料储备的情况。材料计划的制订、材料采购管理的水平、材料定额的准确性以及各部门之间协作配合的能力和程度等,都影响着企业在材料储备运作中的水平。

在企业做出储备决策之前,要通过具体的分析,考虑各种影响因素的综合作用;同时,由于施工生产的多变性及材料生产的季节性等因素,还要考虑不同时期不同因素的变化情况,及时、准确地调整储备定额,以适应施工生产的实际需要。

第二节 材料储备定额

一、材料储备定额的意义

材料储备定额,又称材料库存周转定额,是指在一定的生产技术和组织管理条件下,为保证施工生产正常进行而规定的合理储存材料的数量标准。

由于施工生产连续不断地进行,要求所需材料连续不断地供应。但材料供应和消费之间总有时间的间隔和空间的距离,有的材料使用前还需加工处理,材料的采购、运输、供应等环节也可能发生某些意外而不能如期供给。

显然,当材料储备量保持在施工生产正常进行所必要的限度内时,这种储备才具有积极意义。储备过多会造成呆滞积压、占用资金过多;储备过少会导致施工生产中断、停工待料、带来损失。因此,研究材料储备的主要目的,在于寻求合理的储备量。

二、材料储备定额的作用

(1)材料储备定额是企业编制材料供应计划、订购批量和进料时间的重要依据。

(2)材料储备定额是掌握和监督材料库存变化,促使库存量保持合理水平的标准。

(3)材料储备定额是企业核定储备资金定额的重要依据。

(4)材料储备定额是确定仓库面积、保管设施及人员的依据。

三、材料储备定额的分类

材料储备定额的分类,是按定额不同的特征和管理上的需要而进行的。

1. 按定额计算单位不同分类

(1)材料储备期定额

材料储备期定额,又称相对储备定额,是以储备天数为计算单位的,它表明库存材料可供多少天使用。

(2)实物储备量定额

实物储备量定额,又称绝对定额,表明在储备天数内库存材料的实物数量。它采用材料本身的实物计量单位,如吨、立方米等。实物储备量定额主要用于计划编制、库存控制及仓库面积计算等。

(3)储备资金定额

储备资金定额以货币单位表示,是核定流动资金、反映储备水平、监督和考核资金使用情况的依据。它主要用于财务计划和资金管理。

2. 按定额综合程度分类

(1)品种储备定额

品种储备定额是指按主要材料分品种核定的储备定额。如钢材、水泥、木材、砖、砂、石等。其特点是占用资金多而品种不多,对施工生产的影响大,应分品种核定和管理。

(2)类别储备定额

类别储备定额是指按企业材料目录的类别核定的储备定额。如五金零配件、油漆、化工材料等。其特点是所占用资金不多而品种较多,对施工生产的影响较大,应分类别核定和管理。

3. 按定额限期分类

(1)季度储备定额

季度储备定额适用于设计不定型、生产周期长、耗用品种有阶段性、耗用数量不均衡等情况。

(2)年度储备定额

年度储备定额适用于产品比较稳定,生产和材料消耗都较均衡等情况。

四、材料储备定额的制定

建筑材料储备属于生产储备,其基本目标是保证生产的顺利进行。按照对生产需用保证的阶段不同,材料储备定额包括经常储备定额、保险储备定额和季节储备定额。正确制定材料储备定额,有利于材料的采购供应工作,减少材料储备对生产的负面影响。

1. 经常储备定额的制定

经常储备定额,是指在正常情况下为保证两次进货间隔期内材料需用而确定的材料储备数量标准。经常储备数量随着进料、生产、使用由其最大值到最小值呈周期性变化,所以也称为周转储备。每次进料时,经常储备量上升至最大值;此后随着材料的不断消耗而逐渐减少,到下次进料前,经常储备量减少至最小值。

在经常储备中,两次进料的间隔时间称为供应间隔期,以"天"计算;每次进料的数量称为进货批量,在图7-1中是以材料均衡消耗、等间隔、等批量到货为条件的,确定储备定额应先从此处着手。其确定方法一般有供应期法和订购批量法。

(1)供应期法

经常储备定额考虑的是两批材料供应间隔期内的材料正常消耗需用,等于供应间隔天数与平均每日材料需要量的乘积。其计算公式为:

经常储备定额＝平均每日材料需用量×供应间隔期
　　　　　＝计划期材料需用量计划期天数×供应期间隔

上述计算公式中,供应间隔期反映进货的间隔时间。材料到货验收合格入库后,还要经过库内堆码、备料、发放以及投入使用前的准备工作。决定进货时间时必须考虑这些工作所占用的时间。但是就两次相同作业的间隔时间来说,如果验收天数、加工准备天数都是相同的,且按进货间隔期相继进货,则上述作业时间不影响供应间隔期长短,不必在供应间隔期之外再考虑,以免重复计算,增加储备量。

不同的供应间隔期确定方法有不同的适用条件。

1)按需用企业的送料周期确定供应期

对于资源比较充足、需用单位能够预先规定进货日期的材料,可以按需用企业的送料周期确定供应期。企业材料供应部门根据生产用料特点、投料周期和本身的备料、送料能力,预先安排供应进度,规定供应周期。送料周期可作为确定供应期的依据。

2)按供货企业或部门的供货周期确定供应期

不少供货企业规定了材料供货周期,如按月供货或按季供货,但在合同中没有分期(按旬、周)交货的条款。这时,如果供货周期天数大于需用单位送料周期天数,为了保证企业内部供料不致中断,就必须按供货企业的供货周期提前一个周期备料。在实际材料供应中,供应间隔期是不均等的。因此在测算材料储备定额时,必须以平均供应间隔期来测定。计算平均供应间隔期时,应采用加权平均计算方法计算,以减少误差。其计算公式为:

平均供应期间隔=各批(供应间隔×入库量)之和/各批入库量之和

【例】 某项目安装工程从1月20日开工到10月20日完成,共计工期273天,消耗5mm钢板100t,5mm钢板实际到货记录如表7-1所示。求5mm钢板的经常储备定额。

表7-1 某安装工程钢板实际到货记录(单位:t)

入库日期	1月20日	2月11日	3月12日	4月20日	5月22日	6月15日	7月20日	8月13日	9月11日	10月20日
入库数量	12	15	13	10	11	11	10	9	11	完工剩余2

解:

平均每日材料需用量=100/273=0.37(t/天)

各批钢板的供应间隔见表7-2。

表7-2 各批钢板供应间隔

入库日期	1月20日	2月11日	3月12日	4月20日	5月22日	6月15日	7月20日	8月13日	9月11日	10月20日	合计
入库数量(t)	12	15	13	10	11	11	10	9	11	完工剩余2	102
供应间隔(天)		22	29	39	32	24	35	24	29	39	
供应加权数		264	435	507	320	264	385	240	261	429	3105

平均供应间隔期=3105/102=30.4(天)

经常储备定额=平均每日材料需用量×平均供应间隔期
=0.37×30.4=11.25(t)

按照这种方法计算的供应间隔期,均为按历史资料或统计资料计算的。在定新的一个计划期的储备定额时,应根据供应条件的变化进行调整。

(2)经济批量法

按照经济采购批量确定经常储备定额,可获得综合成本最低的经济批量。以经济采购批量作为某种材料的经常储备定额时,是当一个经济批量的经常储备定额耗尽时,再进货补充一个经济批量的材料。由于材料需用不是绝对均衡的,消耗一个经济批量材料的时间不是固定的,因而也没有固定的进货间隔期。

2. 保险储备定额的制定

保险储备定额是指在供应过程中,出现非正常情况致使经常储备数量耗尽,为防止生产停工待料而建立的储备材料的数量标准。

当材料的平均每日需用量增大时,经常储备在进货点到来以前已经耗尽,为保证施工生产顺利进行,需要动用保险储备,如图7-6中Ⅰ所示。

由于材料的采购、运输、加工、供应中任何一个环节出现差错,造成已到进货时间而没有进货的情况下,为保证生产进行也需要动用保险储备,如图7-6中Ⅱ所示。

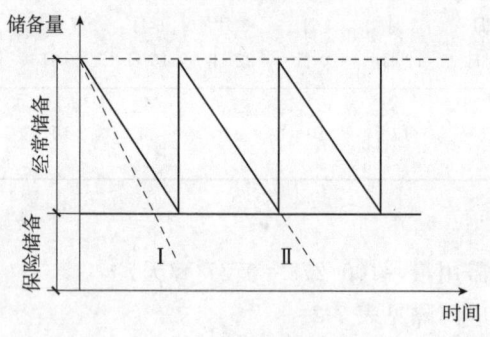

图7-6 材料保险储备作用示意图
Ⅰ. 材料消耗速度增大;Ⅱ. 材料到货拖期

保险储备定额没有周期性变化规律。正常情况下,保险储备定额保持不变,只有在发生了非正常情况,如采购误期、运输延误、材料消耗量突然增大时,造成了经常储备量中断,才会动用保险储备数量。一旦动用了保险储备,下次进料时必须予以补充,否则将影响下一个周期的材料需用。保险储备定额的计算公式为:

保险储备定额 = 平均每日材料需用量 × 保险储备天数
　　　　　　 = (计划期材料需用量/计划期天数) × 保险储备天数

材料供应中的非正常情况往往是由多方面因素引起的,事先难以估计,所以要准确地确定保险储备定额比较困难。一般是通过分析需用量变化比例、平均误期天数和临时订购所需天数等来确定保险储备天数。

(1) 按临时需用的变化比例确定保险储备天数

按临时需用的变化比例确定保险储备天数主要是从企业内部因素考虑,适用于外部到货规律性强、误期到货少而内部需要不够均衡、临时需要多的材料。

由于施工任务调整或其他因素变化,使材料消耗速度超过正常情况下的材料消耗速度。按照正常情况下的材料消耗速度设计的材料储备量不能满足这种情况下的临时追加需用量。材料经常储备定额中没有考虑临时追加需用量,可以通过对供应期的供应记录和其他统计资料分析提出。根据统计资料和施工任务变更资料,测算保险储备天数。其计算公式为:

保险储备天数=(供应期临时追加需用量/经常储备定额)×供应期间隔

【例】 某种材料的供应间隔期为3个月,从历年供料和消耗资料分析得到2季度该种材料消耗追加数量为3.5t,1.8t,5.0t,4.5t,该材料经常储备定额为30t,求保险储备天数。

平均追加需用量=(3.5+1.8+5.0+4.5)/4=3.7(t)

保险储备天数=3.7/30×90=11.1(天)

(2)按平均误期天数确定保险储备天数

按平均误期天数确定保险储备天数是从企业外部因素考虑。适用于消耗规律性较强,临时需要多而到货时间变化大,误期到货多的材料。

未能在规定的供应期内到货,即视为到货误期,超过供应期的天数叫误期天数。如按约定应该10日进货而实际到货日为12日,则误期天数2天。当到货误期时,由于经常储备量已经用完,为了避免停工待料就必须有相应的保险储备,以解决误期期间的材料需用。每次发生误期到货的天数一般是指根据过去的到货记录,测算出平均误期天数。保险储备定额是由平均误期天数确定的。

平均误期天数=各批(误期天数×该批入库量)之和/各批误期入库量之和

当材料来源比较单一,到货数量比较稳定时,也可以使用简单算术平均数计算,即:

平均误期天数=每次到货误期天数之和/误期次数

【例】 某企业全年(360天)消耗某种材料2100t,从统计资料得知,该种材料到货入库情况如表7-3所示。求该企业该种材料应设立多大的经常储备定额和保险储备定额?

表7-3 某种材料到货入库情况(单位:t)

入库日期	1月11日	2月26日	4月20日	5月28日	7月6日	9月4日	10月27日	12月25日
入库量	220	410	380	400	300	310	195	260

解:

平均每日材料需用量=2100/360=5.83(t/天)

其平均供应间隔期见表7-4。

表 7-4 平均供应间隔期

入库日期	1月11日	2月26日	4月20日	5月28日	7月6日	9月4日	10月27日	12月25日	合计
入库量(t)	220	410	380	400	300	310	195	260	2475
供应间隔(天)	46	53	38	40	60	53	60	—	
供应加权数	10120	21730	14440	16000	18000	16430	11700		108420

由表 7-4 可得：

平均供应间隔期＝108420/2475＝44(天)

经常储备定额＝平均每日材料需用量×平均供应间隔期
　　　　　　＝5.83×44＝256.52(t)

凡供应间隔超过 44 天的，均视为误期，超过几天，误期几天，见表 7-5。

表 7-5 供应误期情况

入库日期	1月11日	2月26日	4月20日	5月28日	7月6日	9月4日	10月27日	12月25日	合计
入库量(t)	220	410	380	400	300	310	195	260	2475
供应间隔(天)	46	53	38	40	60	53	60	—	
误期(天)	2	9			16	9	16		
误期加权数	440	3690			4800	2790	3120		14840

平均误期天数＝各批(误期天数×误期入库量)之和/各批误期入库量之和
　　　　　　＝14840/2475＝6(天)

保险储备定额＝平均每日材料需用量×平均误期天数
　　　　　　＝5.83×6＝34.98(t)

上例中计算出的平均误期天数为 6 天。由于该数是一个平均值，当实际误期天数大于这个平均值时，保险储备定额就不够用，仍有保证不了供应的可能性。要提高保证供应程度，就要加大保险储备天数。在上例中最大的误期天数是 16 天，如果保险储备天数规定为 16 天，就能完全保证供应了，但这样就要加大储备量，多占用资金。因此要确定合理的保险储备天数，需要对各项误期到货作具体分析，并考虑计划期可能的变化。

(3)按临时采购所需天数确定保险储备天数

办理采购手续、供货单位发运、途中运输、接货、验收等所需要的天数都属于临时采购所需天数。按临时采购所需天数确定保险储备定额，可以保证材料的连续性供应，适用于资源比较充足、能够随时采购的材料。在其他条件相同的情况下,供货单位越近,临时采购所需天数越少。保险储备天数,应以向距离较近的供货单位采购所需天数为准。

无论采取哪种方法确定的保险储备定额都不是万无一失的,它只能在一定程度上降低材料供应中断对生产的影响。

3. 季节储备定额的制定

季度储备定额,是指为了避免由于季节变化影响某种材料的资源或需要而造成供应中断或季节性消耗而建立的材料储备数量标准。

季节储备是将材料在生产或供应中断前,一次和分批购进,以备不能进料期间或季节性消耗期间的材料供应使用。

(1)材料生产、供应季节性的季节储备定额

由于季节性原因,如洪水期的河砂、河卵石生产等影响材料的生产、运输,造成每年有一段时间不能供料。在这种情况下,在季节供应中断到来以前,应储备足够中断期内的全部用料,其季节储备定额为整个季节内的材料需用量。其计算公式为:

季节储备定额＝平均每日材料需用量×季节供应(生产)中断天数

(2)材料消耗季节性的季节储备定额

由不同季节不同时期内材料消耗的不均衡而带来的季节性用料,一般不需要建立季节储备,而是通过调整各周期的进货数量来解决。一般需要建立季节储备的是为了满足某种特殊用途而且带有明显季节性的用料,如防洪、防寒材料。这部分材料的季节储备定额,要根据其消耗性质、用料特点和进料条件等具体分析确定。其中一些带有保险储备性质的材料,如防洪材料,在汛期开始时,一般要备足全部需用量。其定额是根据历史资料,结合计划期内的生产任务量等具体情况而定。另一些材料,如冬季取暖用煤,当运输条件不受限制,可以在用料季节里连续进料时,一般不需要在季节前储备全部需用量。其季节储备定额,要根据具体进料和用料进度来计算。

4. 最高、最低储备定额

最高储备定额,是综合考虑企业生产过程中可能遇到的各种正常或非正常情况而设立的最高储备数量标准。最高储备定额是保证材料合理周转,避免资金超占的基本依据,是企业综合控制库存数量的标准。最高储备定额包括经常储备定额、保险储备定额和季节储备定额,计算公式为:

最高储备定额＝经常储备定额＋保险储备定额＋季节储备定额
＝平均每日需用量×(平均供应间隔期＋平均到货误期＋季节储备天数)

最低储备定额,是保证企业生产进行的最低储备数量标准。最低储备定额是企业维持正常生产储备量的警戒点。一旦生产中动用了最低储备量,说明材

料储备已经发生危机,应立即采取措施。最低储备定额的计算公式为:

$$最低储备定额 = 保险储备定额$$
$$= 平均每日材料需用量 \times 保险储备天数$$

材料储备中的最高储备定额和最低储备定额会随着生产季节性和生产任务的变化而变化。在一般情况下,主要材料的最高储备定额不包括季节储备定额。其确定方法也因考虑因素不同而分为以下两种。

(1)按经常储备定额与保险储备定额的确定方法计算最高储备定额

【例】 某企业构件厂全年(360 天)生产混凝土构件需用水泥 16200t,水泥平均供应间隔期为 25 天,平均误期 8 天,求该企业水泥储备的最高储备定额和最低储备定额。

解:
平均每日材料需用量 = 计划期材料需用量/计划期天数
$$= 16200/360 = 45(t/天)$$
经常储备定额 = 平均每日材料需用量 × 平均供应间隔期
$$= 45 \times 25 = 1125(t)$$
保险储备定额 = 平均每日材料需用量 × 平均误期天数
$$= 45 \times 8 = 360(t)$$
则该企业水泥的最高储备定额、最低储备定额分别为:
最高储备定额 = 经常储备定额 + 保险储备定额
$$= 1125 + 360 = 1485(t)$$
最低储备定额 = 保险储备定额 = 360(t)

(2)根据统计资料来确定最高、最低储备定额

根据企业的生产规模,收集 1~3 年内年度完成的工作量、建筑面积、材料耗用量等历史资料,进行分析,并结合计划期的具体情况,确定企业年度储备标准。

【例】 某企业 2012 年完成砖混结构住宅 52000m^2,消耗钢材 2080t。预计 2013 年将完成同类结构住宅 68000m^2。钢材平均供应间隔期 30 天,平均到货误期 6 天,求该企业为完成上述任务所需钢材的最高和最低储备定额。

解:
根据 2012 年统计资料得到:
钢材消耗量完成建筑面积 = 2080/52000 = 0.04(t/m^2)
测算 2013 年所需钢材数量:
钢材需用量 = 估算指标 × 预计完成建筑面积
$$= 0.04 \times 68000 = 2720(t)$$
平均每日钢材需用量 = 2720/360 = 7.56(t/天)

则最高、最低储备定额分别为：

最高储备定额＝平均每日材料需用量×(平均供应间隔期＋保险储备天数)
　　　　　　＝7.56×(30＋6)＝272.16(t)

最低储备定额＝平均每日材料需用量×保险储备天数
　　　　　　＝7.56×6＝45.36(t)

5. 材料类别储备定额的制定

材料类别储备定额，是对品种、规格较多，消耗量较小，实物量计量单位不统一的某类材料确定的储备数量标准。材料类别储备定额多以资金形式计量，所以也叫储备资金定额。大多用于施工企业中的机械配件、小五金、化工材料、工具用具及辅助材料等。使用储备资金定额，可以减少材料储备定额确定的工作量，也可以有效地控制储备资金的占用。其计算公式为：

某种材料储备资金定额＝平均每日材料消耗金额×核定储备天数
　　　　　　　　　　＝(计划期内材料消耗金额/计划期天数)×核定储备天数

式中平均每日材料消耗金额，是指在计划期内每日消耗的材料以其价值形态表示的数量。核定储备天数，一般根据历史资料中该材料的需用情况、采购供货周期及资金占用情况分析确定。由于储备资金定额多用于属于辅助材料或施工配合性材料，所以经常根据统计资料及经验确定。

【例】　某企业共有各种类型汽车100辆，上年度全年耗用汽车配件价值183600元，若核定的储备天数为92天，求汽车配件的储备资金定额。

解：

上年度平均每日消耗配件金额＝183600/360＝510(元/天)

若本年度没有特殊变化，则：

汽车配件储备资金定额＝510×92＝46920(元)

各种汽车配件储备的总占用资金应控制在此定额范围之内，其具体储备的品种、规格，可根据实际耗用配件中各品种所占的比例确定。

第三节　材料储备管理

储备业务流程分为三个阶段。

第一阶段为入库阶段，包括货物接运、内部交接、验收和办理入库手续等四项工作。

第二阶段为储存阶段，指物资保管保养工作，包括安排保管场所、堆码苫垫、维护保养、检查与盘点等内容。

第三阶段为发运阶段，包括出库、内部交接及运送工作。

材料的装卸搬运作业贯穿于储备业务全过程，它将材料的入库、储存、发运阶段有机地联系起来。储备业务流程见图7-7。

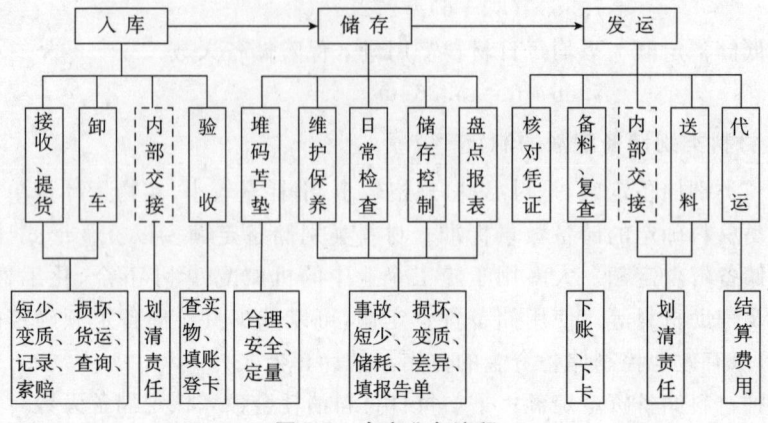

图7-7 仓库业务流程

一、材料验收入库

1. 材料验收时应注意的问题

(1)必须具备验收条件。验收的材料全部到库，有关货物资料、单证齐全。

(2)要保证验收的准确。必须严格按照合同的规定，对入库的数量、规格、型号、配套情况及外观质量等全面进行检查，应如实反映当时的实际情况。

(3)必须在规定期限内完成验收工作，及时提出验收报告。

(4)严格按照验收程序进行验收。

做好验收前准备、核对资料、实物验收、做出验收报告的顺序进行。

2. 材料验收程序

(1)验收前的准备

材料验收前，验收人员要准备项目合同、有关协议、相关技术及质量标准等资料，还要准备需用的检测、计量及搬运工具；确定材料堆码位置及方法；待验收材料为危险品材料时，要拟订并落实相应的安全防护措施。

(2)核对资料

材料验收人员须认真核对订货合同、发票、产品质量证明书、说明书、合格证、检验单、装箱单、磅码单、发货明细表、承运单位的运单及货运记录等。上述资料齐全并确认有效时，方可进行验收。

(3)检验实物

实物检验包括质量检验和数量检测。

质量检验包括外观质量、内在质量以及包装的检验。外观质量以库房检验为主;内在质量(物理、化学性能)则是检查合格证或质量证明书,各项质量指标均符合相关标准则视为合格。对没有质量证明书却又有严格质量要求的材料,应取样检验。

检测材料数量,计重材料一律按净重计算,分层或分件标明质量,自下而上累计,力求入库时一次过磅就位,为盘点、发放创造条件,以减少重复劳动和磅差;计件材料按件全部清点;按体积计量者检尺计方;按理论换算者检测换算计量;标准质量或件数的标准包装,除合同规定的抽验方法和比例外,一般根据情况抽查,抽查无问题少抽,有问题就多抽,问题大的全部检查。成套产品必须配套验收、配套保管。主件、配件、随机工具等必须逐一填列清单,随验收单上报业务和财务部门,发放时要抄送领料单位。

(4)办理入库手续

材料经数量、质量验收后,按实收数量及时办理材料入库验收单。入库单是划分采购人员与仓库保管人员责任的依据,也是随发票报销及记账的凭证。材料入库必须按企业内部编制的《材料目录》中的统一名称、编号及计量单位填写,同时将原发票上的名称及供货单位在验收单备注栏内注明,以便查核,防止品种材料出现多账页和分散堆放。并应及时登账、立卡。

二、材料保管保养

材料的保管,主要是依据材料性能,运用科学方法保持材料的使用价值。

1. 材料的保管场所

建筑施工企业储存材料的场所有库房、库棚和料场三种,应根据材料的性能特点选择其保管场所。

库房是封闭式仓库。一般存放怕日晒雨淋,对温度、湿度及有害气体反应较敏感的材料。钢材中的镀锌板、镀锌管、薄壁电线管、优质钢材等,化工材料中的胶粘剂、溶剂、防冻剂等,五金材料中的各种工具、电线电料、零件配件等,均应在库房保管。

库棚是半封闭式仓库。一般存放怕日晒雨淋而对空气的温度、湿度要求不高的材料。如铸铁制品、卫生陶瓷、散热器、石材制品等,均可在库棚内存放。

料场是地面经过一定处理的露天堆料场地。存放料场的材料,必须是不怕日晒雨淋,对空气中的温度、湿度及有害气体反应均不敏感的材料,或是虽然受到各种自然因素的影响,但在使用时可以消除影响的材料。如钢材中的大规格型材、普通钢筋和砖、瓦、砂、石、砌块等,可存放在料场。

另外有一部分材料对保管条件要求较高的,应存放在特殊库房内。如汽油、柴油、煤油,部分胶粘剂和涂料,有毒物品等,必须了解其特性,按其要求存放在特殊库房内。

2. 材料的堆码

材料堆码的基本要求如下:
(1)必须满足材料性能的要求。
(2)必须保证材料的包装不受损坏,垛形整齐,堆码牢固、安全。
(3)保证装卸搬运方便、安全,便于贯彻"先进先出"的原则。
(4)尽量定量存放,便于清点数量和检查质量。
(5)在贯彻上述要求的前提下,尽量提高仓库利用率。
(6)有利于提高堆码作业的机械化水平。

三、材料出库

材料出库是仓库根据用户的需要,将材料发送出去。材料出库是材料储备直接与施工生产发生联系的一个环节。合理安排和组织材料出库,充分发挥工作人员及机械设备的能力,既能保证材料迅速、准确地出库发送,又能节约出库工作的劳动力和时间,有利于提高仓库管理水平和经济效益。

材料的出库应该贯彻"先进先出"的原则;材料出库时,出库凭证和手续必须齐全并且符合要求;材料的发运要及时、准确、经济;发运材料时的包装要符合承运单位的要求。材料出库应遵循一定的程序和要求办理。

1. 发放准备

材料在出库前,发放人员按时到场,准备好随货发出的有关证件,还要准备好计量工具、装卸设备,提高材料的出库效率,防止忙中出错。

2. 核对凭证

材料出库前,工作人员要认真核对材料发往的地点、单位,待发放材料的品种、规格、数量,签发人及签发部门的有效印章,所有凭证经确认无误后,方可进行发放。非正式出库凭证一律不得作为材料发放的依据。

3. 备料

所需的发货凭证经审核无误后,按凭证所列的品种、规格、数量准备材料。

4. 复核

材料准备完毕必须进行复核才能发放。复核内容包括所准备材料的品种、规格、数量等与出库凭证所列的项目是否一致,发放后的材料实存与账面结存是否相符。

5. 点交

材料出库时,无论是内部还是外部领料,发放人与领取人应当面点交。对于一次领不完的材料,要明显标记,分批出库,防止差错。

6. 清理

材料出库后,工作人员不能马上离开仓库,要将拆散的垛、捆、箱、盒等清理整顿,部分材料应恢复原包装,登记账卡后方可离开。

四、材料账务管理

材料账务管理采用的是记账凭证处理程序,是以原始凭证或原始凭证汇总表编制记账凭证,然后根据记账凭证逐笔登记总分类账户。

1. 记账凭证

记账凭证包括材料入库凭证、材料出库凭证和盘点、报废、调整凭证。

(1)材料入库凭证

材料入库凭证需要有库管和入库人的签字,防止账实不符。主要包括验收单、入库单、加工单等。

(2)材料出库凭证

材料出库凭证主要包括调拨单、借用单、限额领料单、新旧转账单等。

(3)盘点、报废、调整凭证

盘点盈亏调整单、数量规格调整单、报损报废单等。

2. 记账程序

(1)审核凭证

记账凭证必须是合法的、有效的,需要有编号和材料收发动态指标,能完整地反映材料经济业务从发生到结束的全过程。合法凭证必须按规定填写齐全,包括用户名称,日期,材料的名称、规格、数量、单位、单价、印章等,否则视为无效,不能作为记账的合法凭证。临时性借条或口头约定等均不能作为记账的合法凭证。

(2)整理凭证

记账前要先将审核合格的凭证进行分类、分档,并按材料经济业务发生的日期进行排列,然后再逐项登记。

3. 账册登记

账册登记是要对记账凭证根据账页上的各项指标逐项登记。为了防止重复登记,对于已记账的凭证要做出标记;记账后,对账卡上的结存数按"上期结存＋本项收入－本项发出＝本项结存"进行核算。

五、仓库盘点

由于仓库中的材料品种、规格、数量繁多,出库、入库过程中计量、计算容易发生差错,保管中难免发生损耗、损坏、变质、丢失等情况,这些都会导致库存材料数量不符,质量下降。通过仓库盘点,可以了解实际的库存数量和质量情况,及时掌握并解决存在的各种问题,有利于储备定额的执行。

对盘点的要求是:库存材料达到"三清"、"三有"、"四对口"。"三清"即数量清、质量清、账表清;"三有",即盈亏有原因、事故差错有报告、调整账表有依据;"四对口",即账、卡、物、资金对口(资金未下库者为账、卡、物三对口)。

1. 盘点内容

(1)清点材料数量。根据账、卡、物逐项查对,核实库存数。

(2)检查材料质量。在清点数量的同时,检查材料有无变质、损坏、受潮等现象。

(3)检查堆垛是否合理、稳固,下垫、上盖是否符合要求,有无漏雨、积水等情况。

(4)检查计量工具是否正确。

(5)检查"四号定位"、"五五化"是否符合要求,库容是否整齐、清洁。

(6)检查库房安全、保卫、消防是否符合要求;执行各项规章制度是否认真。

要求边检查、边记录,如有问题逐项落实,限期解决,到时复查解决情况。

2. 盘点方法

(1)定期盘点

定期盘点指季末或年末对库房和料场保存的材料进行全面、彻底盘点。达到有物有账,账物相符,账账相符。把数量、规格、质量及主要用途搞清楚。由于清查规模较大,必须做好组织准备工作。

1)划区分块,统一安排盘点范围,防止重查或漏查。

2)校正盘点用计量工具,统一设计印制盘点表,确定盘点截止日期、报表日期。

3)安排各现场、车间办理已领未用材料的"假退料"手续;并清理半成品、在产品和产成品。

4)尚未验收的材料,具备验收条件的抓紧验收入库。

5)代管材料,应有特殊标志,不包括在自有库存中,应另列报表,便于查对。

进行仓库盘点的步骤是,按盘点规定的截止日期及划区分块范围、盘点范围,逐一认真盘点,数据要真实可靠;以实际库存量与账面结存量逐项核对,编报盘点表;结出盘盈或盘亏差异。

(2)永续盘点

对库房每日有变动的材料,当日复查一次,即当天对库房收入或发出的材料,核对账、卡、物是否对口;每月查库存材料的一半;年末全面盘点。这种连续进行抽查盘点的方法,能及时发现问题,即使出现差错,当天也容易回忆,便于清查,可以及时采取措施。这是保证"四对口"的有效方法,但必须做到当天收发、当天记账和登卡。

3. 盘点中的问题的处理原则

(1)材料损毁

库存材料损坏、丢失,精密仪器撞击振动影响精度的,必须及时送交检验单位校正。由于保管不善而变质、变形的属于保管中的事故,应填写材料保管事故报告单,见表7-6。按损失金额大小,分别由业务主管或企业领导审批后,根据批示处理。

表7-6 材料保管事故报告单

填报单位： 年 月 日 第 号

名称	规格型号	单位	应存数			事故损失	
			数量	单价	金额	数量	金额
供应单位			到达日期 年 月 日			主要用途	
发生事故详细经过							
部门意见							
领导批示							

事故责任者　　　　　　　　　　保管员　　　　　　　　　　制表

(2)库房被盗

指判明有被盗痕迹的,所损失的材料和相应金额,填材料事故报告单。无论损失大小,均应持慎重态度,报告保卫部门认真查明,经批示后才能作账务处理。

(3)盘盈或盘亏

材料盘盈或盘亏的处理,盈亏在规定范围以内的,不另填材料盈亏报告表,而在报表盈亏中反映,经业务主管审批后据此调整账面;盈亏量超过规定范围的,除在报表盈亏栏反映外,还必须在报表备注栏写明超过规定损耗的数量,同时填材料超储耗报告单,见表7-7,经领导审批后作账务处理。

表 7-7 材料超储耗报告单

填报单位　　　　　　　年　月　日　　　　　　　　　　　　超损字第　号

名称	规格	单位	数量			规定		超定额损耗量	损失		原因
			账存	实存	损耗	损耗率	损耗量		单价	金额	
审批意见											

记账员　　　　　　　　　　　　保管员　　　　　　　　　　　制表

(4) 规格混串或单价划错

由于单据上的规格写错或发料的错误,造成在同一品种中某一规格盈、另一规格亏,这说明规格混串,查实后,填材料调整单,见表 7-8,经业务主管审批后调整。

表 7-8 材料调整单

仓库名称　　　　　　　　　　　　　　　　　　　　　　　　　第　号

项目	材料名称	规格	单位	数量	单价	金额	差额(+、-)
原列							
应列							
调整原因							
批示							

保管　　　　　　　　　　记账　　　　　　　　　　制表

(5) 材料报废

因材料变质,经过认真鉴定,确实不能使用,填写材料报废鉴定表,见表 7-9。经企业主管批准,可以报废。报废是材料价值全部损失,应持慎重态度,只要还有使用价值就要利用,以减少损失。

表 7-9 材料报废鉴定表

填报单位　　　　　　　年　月　日　　　　　　　　　　　　编号

名称	规格型号	单位	数量	单价	金额
质量状况					
报废原因					
技术鉴定处理意见					负责人签章
领导指示					签　章

主管　　　　　　　　　　审核　　　　　　　　　　制表

(6)材料积压

库存材料在一年以上没有使用,或存量大,用量小,储存时间长,应列为积压材料,造具积压材料清册,报请处理。

(7)材料寄存

外单位寄存的材料,即代保管的材料,必须与自有材料分开堆放,并有明显标志,分别建账立卡,不能与本单位材料混淆。

六、库存材料的装卸搬运组织

库存材料的装卸搬运是储备作业的一个重要方面,是连接仓库各作业环节的纽带,贯穿于仓库作业的全过程。没有库存材料的装卸搬运,仓库作业的储存环节就无法实现,整个储备生产过程就会中断,储运活动就会停止。

装卸搬运应遵循确保质量第一、注重提高效率、组织安全生产、讲究经济效益的原则。

1. 装卸搬运的合理化

装卸搬运合理化包括以下几点:

(1)减少装卸搬运次数,提高一次性作业率

材料在储运过程中,往往要经过多道工序,需经常装卸。装卸搬运次数的增加不但不能增加材料的使用价值,反而会减少其使用价值,增加装卸搬运的费用支出,因此要尽可能减少装卸搬运次数。为了提高装卸搬运的一次性作业率,需要做好以下几个方面的工作:

1)对库区进行合理规划,使仓库建筑布局合理,交通专用线通到货场和主要库房,库区道路要通到每个存料地点。

2)仓库建筑物要有足够的跨度和高度,要有便于装卸搬运设备进出的库门,并前后对称设置,主要库房应安装装卸设备。

3)露天货场应安装装卸设备,直接用于装卸车辆上的材料,完成货场存料的一次性作业。

4)尽量选用机动灵活、适应性强的通用设备,如叉车等,既能装卸,又能搬运,可完成包装成件材料的一次性作业。

5)采用地磅或自动计量设备,如使用动态电子秤,在装卸作业的同时,就能完成检斤计量工作,无需再次过磅。

6)在组织管理方面应加强材料出入库的计划性,做好人员和设备的调度指挥。

(2)提高装卸搬运的活性指数

这就是要让材料处于最容易装卸搬运的状态。一般来说,材料放在输送带

上最容易装卸搬运,也就是其活性指数最高,放在车辆上次之,而散放在地上的材料,其装卸搬运的活性指数最低。因此要根据实际情况,尽可能提高材料装卸搬运的活性指数。

(3)实现装卸搬运的省力化

材料的装卸搬运是属于重体力劳动,要使材料装卸搬运合理化,必须在提高机械化作业水平的同时,实现装卸搬运的省力化。如充分利用材料本身的自重,来减小搬运中的阻力;减少或消除垂直搬运等。

(4)组织文明装卸

文明装卸的核心是确保装卸质量,在货物装卸过程中尽量减少或避免损坏。要做到文明装卸,首先要提高装卸人员的素质,增强他们的责任心,同时要增加装卸设备,不断提高机械化作业水平。

2. 实现装卸搬运的机械化

实现装卸搬运机械化可以大大提高作业效率,改善劳动条件,缩短装卸时间,加速运输工具的周转,有利于确保装卸材料的完整无损和作业安全,并可以有效地利用仓库空间。

七、储备管理的现代化

储备管理的现代化的内容主要包括:储备管理人员的专业化、储备管理方法的科学化及储备管理手段的现代化。实现储备管理现代化首先应重视和加强储备管理人员的培养、教育和提高,使储备各级管理人员专业化。另外,还应充分应用计算机及其他先进的信息管理手段,指挥、控制储备业务管理、库存管理、作业自动化管理及信息处理等。

第四节 材料库存控制与分析

材料储备定额是一种理想状态下的材料储备。建筑企业及施工项目的生产实际上做不到均衡消耗、等间隔、等批量供应。因此,储备量管理还应根据变化因素调整材料储备。

一、实际库存变化情况分析

1. 材料消耗速度不均衡情况分析

当材料消耗速度增大,在材料进货点未到来时,经常储备已经耗尽,当进货日到来时已动用了保险储备,如果仍然按照原进货批量进货,将出现储备不足。当材料消耗速度减小时,在材料进货点到来时,经常储备尚有库存,如果仍然按照原进货批量进货,库存量将超过最高储备定额,造成超储损失。

2. 到货日期提前或拖后情况分析

到货拖期,使按原进货点确定的经常储备耗尽,并动用了保险储备,如果此时仍然按照原进货批量进货,则会造成储备不足。

提前到货,使原经常储备尚未耗完,如果按照原进货批量再进货,会造成超储损失。

二、库存量的控制方法

建筑企业在实际施工生产过程中,材料是不均衡消耗和不等间隔、不等批量供应的。为保证施工生产有足够材料,必须对库存材料进行控制,及时掌握库存量变化动态,适时进行调整,使库存材料始终保持在合理状态下。库存量控制的主要方法有如下几种。

1. 定量库存控制法

定量库存控制法,也称订购点法,是以固定订购点和订购批量为基础的一种库存控制法。即当某种材料库存量等于或低于规定的订购点时,就提出订购,每次购进固定的数量。这种库存控制方法的特点是:订购点和订购批量固定,订购周期和进货周期不定。所谓订购周期,是指两次订购的时间间隔;进货周期是指两次进货的时间间隔。

确定订购点是定量控制中的重要问题。如果订购点偏高,将提高平均库存量水平,增加资金占用和管理费支出;订购点偏低则会导致供应中断。订购点由备运期间需用量和保险储备量两部分构成。

$$订购点=备运期间需用量+保险储备量$$
$$=平均备运天数×平均每日需要量+保险储备量$$

备运期间是指自提出订购到材料进场并能投入使用所需的时间,包括提出订购及办理订购过程的时间、供货单位发运所需的时间、在途运输时间、到货后验收入库时间、使用前准备时间。实际上每次所需的时间不一定相同,在库存控制中一般按过去各次实际需要备运时间平均计算求得。

【例】 某种材料每月需要量是 270t,备运时间 7d,保险储备量 35t,求订购点。

$$订购点=270/30×7+35=98t$$

采用定量库存控制法来调节实际库存量时,每次固定的订购量,一般为经济订购批量。

定量库存控制法在仓库保管中可采用双堆法,也称分存控制法。它是将订购点的材料数量从库存总量分出来,单独堆放或划以明显的标志,当库存量的其余部分用完,只剩下订购点一堆时,应即提出订购,每次购进固定数量的材料(一般按经济批量订购)。还可将保险储备量再从订购点一堆中分出来,称为三堆法。采用双堆法或三堆法,可以直观地识别订购点,及时进行订购,简便易行。这种控制方法一般适用于价值较低,用量不大,备运时间较短的一般材料。

2. 定期库存控制法

定期库存控制法是以固定时间的查库和订购周期为基础的一种库存量控制方法。它按固定的时间间隔检查库存量并随即提出订购,订购批量是根据盘点时的实际库存量和下一个进货周期的预计需要量而定。这种库存量控制方法的特征是:订购周期固定,如果每次订购的备运时间相同,则进货周期也固定,而订货点和订购批量不固定。

(1)订购批量(进货量)的计算式

订购批量=订购周期需要量+备运时间需要量+保险储备量－
现有库存量－已订未交量
=(订购周期天数+平均备运天数)×平均每日需要量+
保险储备量－现有库存量－已订未交量

"现有库存量"为提出订购时的实际库存量;"已订未交量"指已经订购并在订购周期内到货的期货数量。

【例】 某种材料每月订购一次,平均每日需要量是5t,保险储备量30t,备运时间为8天,提出订购时实际库存量为80t,原已订购下月到货的合同有40t,求该种材料下月的订购量。代入公式得:

下月订购量=(30+8)×5+30－80－40=100t

上述计算是以各周期均衡需要时进货后的库存量为最高储备量作依据的,订购周期的长短对订购批量和库存水平有决定性影响,当备运时间固定时,订货周期和进货周期的长短相同。即相当于核定储备定额的供应期天数。

在定期库存控制中,保险储备不仅要满足备运时间内需要量的变动,而且要满足整个订购周期内需要量的变动。因此,对同一种材料来说,定期库存控制法比定量库存控制法要求有更大的保险储备量。

(2)定量控制与定期控制比较

定量控制的优点是能经常掌握库存量动态,及时提出订购,不易缺料;保险储备量较少;每次定购量固定,能采用经济订购批量,保管和搬运量稳定;盘点和定购手续简便。缺点是订购时间不定,难以编制采购计划;未能突出重点材料;不适用需要量变化大的情况,不能及时调整订购批量;不能得到多种材料合并订购的好处。

定期库存订购法的优点和缺点与定量库存控制法恰好相反。

(3)两种库存控制法的适用范围

1)定量库存控制法适用于单价较低的材料;需要量比较稳定的材料;缺料造成损失大的材料。

2)定期库存控制法适用于需要量大,必须严格管理的主要材料,有保管期限的材料;需要量变化大而且可以预测的材料;发货频繁、库存动态变化大的材料。

3. 最高最低储备量控制法

对已核定了材料储备定额的材料,以最高储备量和最低储备量为依据,采用定期盘点或永续盘点,使库存量保持在最高储备量和最低储备量之间的范围内。当实际库存量高于最高储备量或低于最低储备量时,都要积极采取有效措施,使它保持在合理库存的控制范围内,既要避免供应脱节,又要防止呆滞积压。

4. 警戒点控制法

警戒点控制法是从最高最低储备量控制法演变而来的,是定量控制的又一种方法。为减少库存,如果以最低储备量作为控制依据,往往因来不及采购运输而导致缺料,故根据各种材料的具体供需情况,规定比最低储备量稍高的警戒点(即订购点),当库存降至警戒点时,就提出订购,订购数量根据计划需要而定,这种控制方法能减少发生缺料现象,有利于降低库存。

5. 类别材料库存量控制

上述的库存控制是对材料具体品种、规格而言,对类别材料库存量,一般以类别材料储备资金定额来控制。材料储备资金是库存材料的货币表现,储备资金定额一般是在确定的材料合理库存量的基础上核定的,要加强储备资金定额管理,必须加强库存控制。以储备资金定额为标准与库存材料实际占用资金数作比较,如高于或低于控制的类别资金定额,要分析原因,找出问题的症结,以便采取有效措施。即便没有超出类别材料资金定额,也可能存在库存品种、规格、数量等不合理的因素,如类别中应该储存的品种没有储存,有的用量少而储量大,有的规格、质量不对等,都要切实进行库存控制。

三、库存分析

为了合理控制库存,应对库存材料的结构、动态及资金占用等进行分析,总结经验和找出问题,及时采取相应措施,使库存材料始终处于合理控制状态。

1. 库存材料结构分析

这是检查材料储存状态是否达到"生产供应好,材料储存低,资金占用少"的有效方法。

(1)库存材料储备定额合理率

库存材料储备定额合理率是对储备状态的分析,有的企业把储备资金下到库,但没有具体下到应储备材料的品种,就有可能出现应该有的没有储备,不该有的反而储备了,而储备资金定额还没有超出的假象,使库存材料出现有的缺、有的多、有的没有用等不合理状况,分析储备状态的计算公式为:

$$A=[1-(H+L)\div\Sigma]\times100\%$$

式中:A——库存材料定额合理率;
H——超过最高储备定额的品种项数;
L——低于最低储备定额的品种项数;
Σ——库存材料品种总项数。

【例】 某企业仓库库存材料品种总计 820 项,一季度检查中发现超过最高储备定额的 40 项,低于最低储备定额的 130 项,求库存材料定额合理率。

$$A=[1-(40+130)\div820]\times100\%=79.27\%$$

分析结果表明,库存材料合理率只占 79.27%,不合理率占 20.73%。不合理储存的 20.73% 中,超储的占 4.88%,有积压的趋势;低于最低储备定额的占 15.85%,有中断供应的可能。再进一步分析超储和低储的是哪些品种、规格,根据具体情况,采取措施,使库存材料储备定额处于合理控制状态。

(2)库存材料动态合理率

这是考核材料流动状态的指标。材料只有投入使用才能实现其价值和使用价值。流转越快,效益越高。长期储存,不但不能创造价值,而且要开支保管费用和利息,还要发生变质、削价等损失。计算动态合理率的公式为:

$$B=(T\div\Sigma)\times100\%$$

式中:B——库存材料动态合理率;
T——库存材料有动态的项数;
Σ——库存材料总项数。

【例】 某企业综合仓库,库存总品种、规格为 1258 项,一季度末检查,库存材料中有动态的 806 项,求库存材料动态合理率。

$$B=(806\div1258)\times100\%=64.07\%$$

经过分析,该库有动态的占 64.07%,无动态的则占 35.93%。对这部分无动态的库存材料应引起重视,分品种作具体分析,区别对待。如果每季度、年度都作这种分析,多余和积压的材料便能得到及时处理,促使材料加速周转。

通过储备定额合理率的分析,掌握了库存材料的品种规格余缺及数量的多少,又由动态分析掌握了材料周转快慢和多余积压,使库存品种、数量都处于控制之中。

2. 库存材料储备资金节约率

这是考核储备资金占用情况的指标。这里有资金最大占用额和最小占用额之分,因为库存材料数量是变动的,资金也相应变动。库存资金最高(最低)占用额等于各种材料最高储备定额(最低储备定额)与材料单价的乘积之和。现用最大资金占用额作为上限控制计算储备资金占用额是节约还是超占,计算公式是:

$$Z=[1-(F÷E)]×100\%$$

式中:Z——库存资金节约率;

　　E——核定库存资金定额;

　　F——检查期库存资金额。

【例】 某企业钢材库,核定库存资金定额为 95 万元,一季度末检查库存材料资金为 86 万元,求库存资金节约率。

$$Z=[1-(86÷95)]×100\%=9.47\%$$

说明钢材库存资金节约为 9.47%,如计算中出现负数,即为库存资金超占。库存资金节约率要与库存储备定额合理率、库存材料动态合理率结合起来分析,将库存资金置于控制之中。

第五节　材料质量管理

一、材料质量监督管理制度

1. 建设工程材料备案管理制度

部分省市的建设管理部门对进入建设工程现场的建材实施备案管理制度。备案制的特点是先设立、后备案,备案是为了能够行使法定的义务和权力,而不是为了获得审批或核准。

2. 建设工程材料质量监督检查制度

在市场经济中,市场的良好运行,有赖于政府主管部门的依法监督管理。市场主体从各自的经济利益出发,破坏市场规则,在所难免。为维护市场秩序,创造良好的公平竞争环境,就需要政府部门对合法经营活动予以切实保护,对违法经营活动予以坚决打击。建设工程材料质量监督检查主要有日常监督检查、产品专项检查、现场综合检查、整改复查等形式。

(1)日常监督检查建材质量监督机构按国家法律法规规章和相关地方性建材规定对建设工地的材料采购、使用、监理、检测等行为进行日常监督检查。

(2)产品专项检查针对产品质量突发波动或季节性通病,建材质量监督机构组织定期或不定期的专项整治检查。

(3)现场综合检查根据国家和地方整顿规范建筑建材市场的整体要求和整

个建筑建材业监督闭合管理的要求,各级建材监督管理机构以及相关建设管理部门组织综合的联动式检查,也包括建设、工商、技监等管理部门联合组织的打假治劣检查。

(4)整改复查对存在问题的施工现场和生产、采购、使用、监理、检测单位在整改完毕的基础上,建材质量监督机构组织复查,检查违规行为是否已改正,不合格建材是否已拆除。

3. 建设工程材料抽样检测制度

建材质量监督机构委托具备抽样检测资质的建材抽样检测机构对进入建设工地现场的建材产品实施抽样检测。

4. 建设工程材料警示提示制度

建材质量监督部门对无证建材、不合格建材和有质量违规行为的建材生产企业定期发布警示通知,提醒社会慎用此类建材。另对建材采购、使用、监理、检测的不合格行为进行公布,提示社会对相关违规企业的警惕,加大违规企业的违规成本。

5. 建设工程材料诚信管理制度

建立一个公正权威的建材生产、销售企业诚信制度是组成建材质量长效管理体制的重要制度之一。作为建设行政管理部门,掌握着每个市场主体最完整、最权威的信息,利用这一优势,通过建立企业质量诚信信息系统,汇集并公开来自各职能部门对企业的管理信息,可大大降低交易信息的不对称性。同时可以借助市场的"无形之手",形成对失信行为的社会化"惩罚链",使失信者长期背负市场的"二次惩罚",更有效地震慑违规企业,从而引导企业珍视信用,自我约束经营行为,从根本上达到规范建材质量行为的目的。

企业质量诚信信息系统包括:

(1)基本信息主要记录企业的登记信息(即企业设备、人员、法人、管理者代表等基本情况)、年检情况、进场交易、质量抽查等信息。

(2)不良信息主要记录企业失信行为、违法行为以及受到行政处罚甚至吊证信息。

(3)良好信息主要记录企业受到的奖励、表扬信息,质量体系认证信息。

6. 包装和标识管理制度

《产品质量法》对产品的包装和标识有着明确的规定。国家按照国际通行规则、我国现实状况和不同产品的特点,推行各种包装和标识制度。对有环保、安全要求的建材产品,明确相应的认证机构和标识管理制度,避免造成建材市场局面混乱和消费者真假难辨,促进整个市场的健康发展。

二、材料生产过程质量管理

材料产品有国家标准、行业标准、地方标准,国家和地方还有很多质量方面的规定,如有《质量法》《建设工程质量管理条例》等行政管理的法律法规,也有《通用硅酸盐水泥》GB 175—2007/XG1—2009、《预拌混凝土》GB/T 14902—2012等材料的国家标准,还有地方的生产、流通、使用的具体管理要求,可以说在我国材料质量处于全面控制,各项规章制度基本齐全。但是,由于材料生产的原材料来自于天然,受自然界形成过程影响,原材料的品位波动起伏是客观存在,加上生产过程各种因素的干扰,对产品质量必然会产生影响,所以必须严格原材料检验、生产过程工序质量控制,抓好出厂检验和售后质量跟踪服务,才能防止不合格产品流入市场。

三、材料流通过程质量管理

流通经营不生产建材,也不使用建材,但是流通经营将建材产品购入,经过运输、储存、销售等环节,最终供应工程建设,为生产、使用起到承前启后的桥梁作用。由于生产与用户被经销商隔离不通气,中转交易造成的信息不对称,有些建材无明显标识,个别生产企业自我保护不当,产品容易发生张冠李戴和假冒伪劣,所以经营行为的好坏,直接关系到工程用建材的质量。合格供应商和诚信企业考评是对流通领域质量管理的一种补充,但是有利可图、有责难究的现状,不能阻止违规经营的行为发生,因此加强对流通中转过程管理是非常必要,作为工程项目和材料员、资料员要予以重视,做好建材进场的质量验收

四、材料使用过程质量管理

建材使用过程的管理比较复杂,涉及面也比较广,管理的重点是全过程的。

1. 建材质量是工程质量的生命线

加强和完善建材采购、验收、使用的质量控制,是保证工程质量的生命线。

质量除了有从经济角度所考察的"使用价值"意义以外,还有从文化角度所考察的"精神价值"内涵,它体现了一种企业文化和员工素质。不同的企业有不同的创建、发展历史背景,质量的观点也是不一致的。有的企业追求产品合格目标,质量控制在产品标准的合格底线上,这样容易增加不合格概率;而有的企业则更在乎社会责任,产品质量优异稳定,广受市场欢迎。在营销上有的企业喜欢用价廉质次冲击市场,有些企业则用优质优价来吸引用户。不同的质量认知,形成规范市场的障碍和鸿沟。随着社会的发展,对工程建设的质量目标不断提升,对建材的质量要求也越来越高,建材质量已成为工程质量的生命线。只有通过

严格验收和规范质量复试,才能确保优质稳定的建材用于工程中。

2. 建材质量是有波动的

建材生产过程出现波动是正常的,但是要在可控范围内,由于建材属于连续性生产,任何环节的疏忽,都可能造成优质原材料生产出劣质建材。所谓的品质好坏都是相对时间、地点而言的,上一批产品好并不代表下一批也是好,为了减少波动对质量的影响,保障合格的产品用于工程建设中,提出建材产品进场必须验收、复试合格方可使用的理念。建材质量不合格与经销商的经营行为也有相关关系,有些供应商借用他人的资质证书,供应价廉质次的建材,有的采用瞒天过海的手法,将不安全的材料混入工程。而个别人员出于私欲,采购不合格建材的情况也屡有发生,因此对建材进场严格验收,对供应商资格的验证、建材的品种规格和数量的核对、质保资料的核查,都是阻止不合格建材进入施工现场的有效措施之一。

3. 料与实物质量匹配性

由于建材产品具有流水性生产的特点,批量大、供应范围广是销售质量控制的难点,常会出现质保资料与实物不匹配,质保资料没有代表性。如钢材市场钢筋都是一次进货,然后分级批发销售,质量证明书内容与实际进入工程的钢筋信息内容不一致,更不用说炉批号等信息,要获知其质量状况只有通过检测,所以加强取样复试是材料员、资料员应该做好的工作。

第六节 周转材料的管理

一、周转材料的概念

周转材料,是指有助于建筑产品的形成但不构成产品实体的必不可少的材料,主要是指模板、扣件、脚手架及其附件等。周转材料可以看做一种劳动手段,能够多次应用于施工生产而不改变其本身的实物形态。其特点是价值高、用量大、使用期长。周转材料的价值转移是根据其在施工过程中的损耗程度,逐渐转移成为建筑产品价值的组成部分,并从建筑物的价值中逐渐得到补偿。

在一些特殊情况下,由于受施工条件限制,有些周转材料和建筑材料一样,也是一次性消耗的,其价值也就一次性转移到工程成本中去,如混凝土浇捣时所使用的钢支架在作业完成后无法取出,钢板桩由于施工条件限制无法拔出等。也有些因工程的特殊要求特别加工制作的非规格化的周转材料,也只能使用一次。在这种情况下,核算要求、销账处理是与材料性质相同的,但是为了减少损耗,降低成本,必须做好残值回收。因此,搞好周转材料的管理,对施工企业来讲是一项至关重要的工作。对周转材料管理的要求,是在保证施工生产的前提下,减少占用,加速周转,延长寿命,防止损坏。

二、周转材料的分类

1. 按材料的自然属性划分

周转材料按其自然属性可分为钢质、木质和复合型三类。钢质周转材料主要有定型组合钢模板、大钢模板、钢脚手板等,木质周转材料主要有木模板、杉槁、架木、木脚手板等,复合型周转材料包括竹木、塑钢周转材料,如酚醛覆膜胶合板等。

近年来,顺应"钢代木"的发展趋势,通过在原有基础上的改进和提高,传统的杉槁、架木、脚手板等"三大工具"已经被高频焊管和钢制脚手板所替代;木模板也基本由钢模板所取代。这些都有利于周转材料的工具化、标准化和系列化。

2. 按使用对象划分

周转材料按使用对象可分为混凝土工程用周转材料、结构及装修工程用周转材料和安全防护用周转材料三类。

三、周转材料管理的内容

周转材料的管理内容包括周转材料的使用、养护、维修、改制与核算。

1. 使用

在施工生产过程中使用周转材料是为了保证施工生产的正常进行或提高生产效率。包括对周转材料的拼装、支搭以及拆除等作业过程。

2. 养护

对周转材料的养护是指为了使周转材料保持随时可用的状态而对周转材料进行去除灰垢、涂刷防锈剂或隔离剂等操作。

3. 维修

周转材料在使用过程中难免遭到损坏,将损坏的周转材料进行修复,使之恢复或部分恢复原有功能,继续使用,可以节约成本。

4. 改制

将周转材料改制是指对损坏且不可修复的周转材料,按照使用和配套的要求改变其尺寸、形式以作他用。

5. 核算

周转材料的核算方式包括会计核算、统计核算和业务核算。

会计核算是资金的核算,主要反映周转材料投入和使用的经济效果及其摊销状况;统计核算是数量的核算,主要反映数量规模、使用状况和使用趋势;业务核算既有资金的核算,也有数量的核算,是材料部门根据实际需要和业务特点而进行的核算。

四、周转材料管理的任务

周转材料的管理任务,就是以满足施工生产要求为前提,为保证施工生产任务的顺利进行,以最低的费用实现周转材料的使用、养护、维修、改制及核算等一系列工作。

1. 准备周转材料

根据施工生产的需要,及时、配套地提供足够的、适用的周转材料。

2. 制定管理制度

各种周转材料具有不同的特点,建立健全相应的管理制度和办法,可以加速周转材料的流转,以较少的投入发挥更大的能效。

3. 加强养护维修

加强对周转材料的养护维修,可以延长使用寿命,提高使用效率。

五、周转材料管理

周转材料的管理多采取租赁制,对施工项目实行费用承包,对班组实行实物损耗承包。一般是建立租赁站,统一管理周转材料,规定租赁标准及租用手续,制定承包办法。

1. 周转材料的租赁

租赁是产权的拥有方和使用方之间的一种经济关系,指在一定期限内,产权的拥有方为使用方提供材料的使用权,但不改变其所有权,双方各自承担一定的义务,履行契约。实行租赁制度的前提条件是必须将周转材料的产权集中于企业进行统一管理。

(1)租赁方法

租赁管理应根据周转材料的市场价格及摊销额度的要求测算租金标准。其计算公式是:

$$日租金=(月摊销费+管理费+保养费)/月度日历天数$$

式中"管理费"和"保养费"均按材料原值的一定比例计取,一般不超过原值的2%。

租赁需签订租赁合同,在合同中应明确租赁的品种、规格、数量,并附租用物明细表以备核查;租用的起止日期、租用费用以及租金结算方式;使用要求、质量验收标准和赔偿办法;双方的责任、义务及违约责任的追究和处理。

通过对租赁效果的考核可以及时找出问题,采取相应的有效措施提高租赁管理水平。主要考核指标有出租率、损耗率和周转次数。

1)出租率

出租率=租赁期内平均出租数量/租赁期内平均拥有量×100%

租赁期内平均出租数量=租赁期内租金收入(元)/租赁期内单位租金(元)

式中"租赁期内平均拥有量"是以天数为权数的各阶段拥有量的加权平均值。

2)损耗率

损耗率=租赁期内损耗量总金额(元)/租赁期内出租数量总金额(元)×100%

3)周转次数

周转次数主要用来考核组合钢模板。

周转次数=租赁期内钢模支模面积(m^2)/租赁期内钢模平均拥有量(m^2)

(2)租赁管理过程

1)租用

工程项目确定使用周转材料后,应根据使用方案制定需用计划,由专人向租赁部门签订租赁合同,并做好周转材料进入施工现场的各项准备工作,如存放及拼装场地等。租赁部门必须按合同保证配套供应,并登记周转材料租赁台账。

2)验收和赔偿

租用单位退租前必须清除混凝土灰垢,为验收创造条件。租赁部门对退库周转材料应进行外观质量验收。如有丢失或损坏应由租用单位赔偿。验收及赔偿都有一定的标准,对丢失或损坏严重的(指不可修复的,如管体有死弯、板面有严重扭曲等)按原值的50%赔偿;一般性损坏(指可以修复的,如板面打孔、开焊等)按原值的30%赔偿;轻微损坏(指不需使用机械,仅用手工即可修复的)按原值的10%赔偿。

3)结算

租用天数一般指从提运的次日至退租日的日历天数,租金逐日计取、按月结算。租用单位实际支付的租赁费用包括租金和赔偿费。

$$租金=\Sigma[租用数量×单件日租金(元)×租用天数]$$
$$赔偿费=\Sigma[丢失损坏数量×单件原值(元)×相应赔偿率(\%)]$$
$$租赁费用(元)=租金(元)+赔偿费(元)$$

根据结算结果由租赁部门填制租金及赔偿结算单。为简化结算工作,也可直接根据租赁合同进行结算,这就要求加强合同的管理,严防遗失,避免错算和漏算。

2. 周转材料的费用承包

周转材料的费用承包是指以单位工程为基础,在上级核定的费用额度内,组织周转材料的使用,实行节约有奖,超耗受罚的办法。费用承包管理是适应项目法施工的一种管理形式,或者说是项目法施工对周转材料管理的要求,包括签订承包协议、确定承包额和考核费用承包效果。

(1) 签订承包协议

承包协议是对承、发包双方的责、权、利进行约束的内部法律文件。一般包括工程概况、应完成的工程量、需用周转材料的品种、规格、数量及承包费用、承包期限、双方的责任与权利、不可预见问题的处理以及奖罚等内容。

(2) 承包额的确定

承包额是承包者所接受的承包费用的收入。承包额有两种确定方法,一种是扣额法,是按照单位工程周转材料的预(概)算费用收入,扣除规定的成本降低额后剩余的费用。计算公式如下:

$$扣额法费用收入(元)=概(预)算费用收入(元)\times(1-成本降低率)$$

另一种是加额法,是指根据施工方案所确定的使用数量,结合额定周转次数和计划工期等因素所限定的实际使用费用,加上一定的系数额作为承包者的最终费用收入。所谓系数额是指一定历史时期的平均耗费系数与施工方案所确定的费用收入的乘积。计算公式如下:

$$系数额=施工方案确定的费用收入(元)\times 平均耗费系数$$
$$加额法费用收入(元)=施工方案确定的费用收入(元)+系数额(元)$$
$$=施工方案确定的费用收入(元)\times(1+平均耗费系数)$$
$$平均耗费系数=(实际耗用量-定额耗用量)/实际耗用量$$

(3) 费用承包效果的考核

承包的考核和结算是将承包费用的收、支进行对比,出现盈余为节约,反之为亏损。

提高承包经济效果的基本途径有两条:首先在使用数量既定的条件下,努力提高周转次数;同时在使用期限既定的条件下,努力减少占用量。还应减少丢失和损坏数量,积极实行和推广组合钢模的整体转移,以减少停滞,加速周转。

3. 周转材料的实物量承包

实物量承包的主体是施工班组,也称为班组定包。实物量承包是由班组承包使用,对施工班组考核回收率和损耗率,实行节约有奖、超耗受罚。在实行班组实物量承包过程中,要明确施工方法及用料要求,合理确定每次周转损耗率,抓好班组领、退的交点,及时进行结算和奖罚兑现。对工期较短、用量较少的项目,可对班组实行费用承包,在核定费用水平后,由班组向租赁部门办理租用、退租和结算,实行盈亏自负。实物量承包是费用承包的深入和继续,是保证费用承包目标值的实现和避免费用承包出现断层的管理措施。

无论是项目费用承包还是实物量承包,都应建立周转材料核算台账,记录项目租用周转材料的数量、使用时间、费用支出及班组实物量承包的结算情况。

第七节　工具的管理

一、工具的概念和分类

工具是人们用以改变劳动对象的手段,是生产力三要素中的重要组成部分。工具可以多次使用、在劳动生产中能长时间发挥作用。

施工生产中用到的工具品种多、用量大,按不同的分类标准有多种分类方法。工具分类的目的是满足某一方面管理的需要,便于分析工具管理动态,提高工具管理水平。

1. 按价值和使用期限分类

工具按价值和使用期限可以分为固定资产工具、低值易耗工具和消耗性工具。

(1)固定资产工具

固定资产工具是指使用年限在1年以上,单价在规定限额以上的工具。如50t以上的千斤顶、塔吊、水准仪、搅拌机等。

(2)低值易耗工具

低值易耗工具是指使用期限或单价低于固定资产标准的工具,如手电钻、灰槽、苫布、扳子、锤子等。

(3)消耗性工具

消耗性工具是指价格较低,使用寿命短,重复使用次数很少且无回收价值的工具,如铅笔、扫帚、油刷、锹把、锯片等。

2. 按使用范围分类

工具按使用范围分为专用工具和通用工具。

(1)专用工具

专用工具是指为完成特定作业项目或满足特殊需要所使用的工具。如量卡具、根据需要而自制或定购的非标准工具等。

(2)通用工具

通用工具是指使用广泛的定型产品,如扳手、锤子等。

3. 按使用方式和保管范围分类

工具按使用方法和保管范围分为班组共用工具和个人随手工具。

（1）班组共用工具

班组共用工具是指在一定作业范围内为一个或多个施工班组共同使用的工具。它包括两种情况：一是在班组内共同使用的工具，一般固定给班组使用并由班组负责保管，如胶轮车、水桶等；二是在班组之间或工种之间共同使用的工具，按施工现场或单位工程配备，由现场材料人员保管，如水管、搅灰盘、磅秤等。

（2）个人随手工具

个人随手工具是指在施工生产中使用频繁，体积小、重量轻、便于携带，交由施工人员个人保管的工具，如瓦刀、抹子等。

4. 按性能分类

工具按其性能分为电动工具和手动工具两类。

（1）电动工具

电动工具是以电动机或电磁铁为动力，通过传动机构驱动工作头的一种机械化工具。如电钻、混凝土振动器、电刨等。电动工具需要有接地、绝缘等安全防护。

（2）手动工具

手动工具有馒刀、托泥板、锄镐等。

5. 按使用方向分类

工具按使用方向分为木工工具、瓦工工具、油漆工具等。这是根据不同工种区分的。

6. 按产权分类

工具按其产权分为自有工具、借入工具和租赁工具。

二、工具管理的任务

工具管理实质上是工具使用过程中的管理，是在保证生产适用的基础上延长工具使用寿命的管理。工具管理是施工企业材料管理的组成部分，直接影响着施工的顺利进行，又影响着劳动生产率和工程成本的高低。

1. 提供工具

工具管理首先是要及时、齐备地向施工班组提供适用、好用的工具，积极推广和采用先进工具，保证施工生产的顺利进行。

2. 管理工具

工具管理的另一个任务是采取有效的管理办法，延长工具的使用寿命，加速工具的流转，最大限度地发挥工具的效能，提高劳动生产效率。

3. 维修工具

工具管理还要做好工具的收发、保管、养护和维修等工作，保证工具的正常使用。

三、工具管理的内容

工具管理主要包括存储管理、发放管理和使用管理。

1. 储存管理

工具验收合格入库后，应按品种、规格、新旧和损坏程度分开存放。要遵循同类工具不得分存两处、成套工具不得拆开存放、不同工具不得叠压存放的原则。要做好工具的存储管理，必须制定合理的维护保养技术规程，如防锈防腐、防刃口碰伤、防日晒雨淋等，还要对损坏的工具及时维修，保证工具处于随时可用的状态。

2. 发放管理

为了便于考核班组执行工具费定额的情况，对按工具费定额发出的工具，都要根据工具的品种、规格、数量、金额和发出日期登记入账。对出租或临时借出的工具，要做好详细记录并办理有关租赁或借用手续，以便按期、按质、按量归还。同时做好废旧工具的回收、修理工作，坚持贯彻执行"交旧领新"、"交旧换新"和"修旧利废"等行之有效的制度。

3. 使用管理

应根据不同工具的性能和特点制定相应的工具使用技术规程和规则，并监督、指导班组按照工具的用途和性能合理使用，减少不必要的损坏、丢失。

四、工具管理的方法

1. 工具租赁管理方法

工具租赁是指在不改变所有权的条件下，工具的所有者在一定的期限内有偿地向使用者提供工具的使用权，双方各自承担一定的义务的一种经济关系。工具租赁的管理方法适合于除消耗性工具和实行工具费补贴的个人随手工具以外的所有工具品种，具体包括以下几步工作。

(1) 制定工具租赁制度

确定租赁工具的品种范围，制定有关规章制度，并设专人负责办理租赁业务。班组亦应指定专人办理租用、退租及赔偿事宜。

(2) 测算租赁单价

日租金根据租赁单价或按照工具的日摊销费确定。计算公式如下：

日租金＝(工具的原值＋采购、维修、管理费用)/使用天数

式中"采购、维修、管理费"按工具原值的一定比例计算，一般为原值的1‰~2‰；"使用天数"可根据本企业的历史水平确定。

(3)工具出租者和使用者签订租赁协议

租赁协议应包括租用工具的名称、规格、数量、租用时间、租金标准、结算方法及有关责任事项等。

(4)建立租金结算台账

租赁部门应根据租赁协议建立租金结算台账，登记实际出租工具的有关事项。

(5)填写租金及赔偿结算单

租赁期满后，租赁部门根据租金结算台账填写租金及赔偿结算单。结算单中金额合计应等于租赁费和赔偿费之和，见表7-10。

表7-10 租金及赔偿结算单

合同编号：_____

工具名称	规格	单位	租赁费			赔偿费						合计金额
			租用天数	日租金	金额	原值	损坏量	赔偿比例	丢失量	赔偿比例	金额	

(6)租金费用来源

班组用于支付租金的费用来源是工具费收入和固定资产工具及大型低值工具的平均占用费。计算公式如下：

班组租金费用＝工具费收入＋固定资产工具和大型低值工具平均占用费
　　　　　　＝工具费收入＋工具摊销额×月利用率

班组所付租金，从班组租金费用中核减，由财务部门查收后作为工具费支出计入工程成本。

2. 工具的定包管理方法

"生产工具定额管理、包干使用"简称"工具定包管理"，是施工企业对班组自

有或个人使用的生产工具,按定额数量配发,由使用者包干使用,实行节奖超罚的一种管理方法。

工具定包管理一般在瓦工组、木工组、电工组、油漆组、抹灰工组、电焊工组、架子工组、水暖工组实行。除固定资产工具及实行个人工具费补贴的随手工具以外的所有工具都可实行定包管理。

实行班组工具定包管理,是按各工种的工具消耗对班组集体实行定包。

(1) 明确工具所有权

企业拥有实行定包的工具的所有权。企业材料部门指定专人负责工具定包的管理工作。

(2) 测定各工种的工具费定额

工具费定额的测定,由企业材料管理部门负责,分三步进行。

第一步,向有关人员做调查了解,并查阅 2 年以上的班组使用工具的资料,以确定各工种所需工具的品种、规格及数量,作为各工种的工具定包标准。

第二步,分别确定不同工种各工具的使用年限和月摊销费,月摊销费的计算公式如下:

某种工具的月摊销费＝该种工具的单价/该种工具的使用期限(月)

式中"工具的单价"采用企业内部不变价格,以避免因市场价格的经常波动影响工具费定额。"工具的使用期限"可根据本企业具体情况凭经验确定。

第三步,分别测定各工种的日工具费定额,计算公式如下:

某工种人均日工具费定额＝该工种全部标准定包工具月摊销费总额/(该工种班组额定人数×月工作日)

式中"班组额定人数"是由企业劳动部门核定的某工种的标准人数;"月工作日"一般按 30 天计算。

(3) 确定班组月度定包工具费收入

班组月度定包工具费收入的计算公式如下:

某工种班组月度定包工具费收入＝班组月度实际作业工日×该工种人均日工具费定额

班组工具费收入可按季或按月,以现金或转账的形式向班组发放,用于班组向企业使用定包工具的开支。

(4) 发放工具

企业基层材料部门,根据工种班组标准定包工具的品种、规格、数量,向有关班组发放工具。班组可按标准定包数量足量领取,也可根据实际需要少领。自领用之日起,按班组实领工具数量计算摊销,使用期满以旧换新后继续摊销。但使用期满后能延长使用时间的工具,应停止摊销收费。凡因班组责任造成的工具丢失和因非班组施工人员正常使用造成的损坏,由班组承担损失。

(5)设立负责保管工具人员

实行工具定包的班组需设立工具员负责保管工具,督促组内成员爱护并合理使用工具,记载保管手册。

零星工具可按定额规定使用期限,由班组交给个人保管,丢失损坏须按规定赔偿。企业应参照有关工具修理价格,结合本单位各工种实际情况,制定工具修理取费标准及班组定包工具修理费收入,这笔收入可记入班组月度定包工具费收入,统一发放。班组因生产需要调动工作,小型工具自行搬运,不予报销任何费用或增加工时,确属班组无法携带需要运输车辆的,由行政部门出车运送。

(6)班组定包工具费的支出与结算

第一步,根据《班组工具定包及结算台账》,按月计算班组定包工具费支出,计算公式如下:

某工种班组月度定包工具费支出 $\sum_{i=1}^{n}$(第 i 种工具数×该种工具的日摊销费)×班组月度实际作业天数

第 i 种工具的日摊销费=该种工具的月摊销费/30 天

第二步,按月或按季结算班组定包工具费收支额,计算公式如下:

某工种班组月度定包工具费收支额=该工种班组月度定包工具费收入-月度定包工具费支出-月度租赁费用-月度其他支出

式中"月度租赁费用"若班组已用现金支付,则此项不计。"月度其他支出"包括应扣减的修理费和丢失损失费。

第三步,根据工具费结算结果,填制定包工具结算单。

(7)总结、分析工具定包管理效果

企业每年年终应对工具定包管理效果进行总结、分析,针对不同影响因素提出处理意见。班组工具费结算若有盈余,盈余额可全部或按比例作为工具节约奖励,归班组所有;若有亏损,则由班组负担。

(8)其他工具的定包管理方法

1)按分部工程的工具使用费,实行工具的定包管理方法

这是实行栋号工程全面承包或分部、分项承包中工具费按定额包干,节约有奖、超支受罚的一种工具管理办法。承包者的工具费收入根据工具费定额和实际完成的分部工程量计算;工具费支出根据实际消耗的工具摊销额计算,其中各个分部工程的工具使用费,可根据班组工具定包管理方法中的人均日工具费定额折算。

2)按完成万元工作量应耗工具费实行工具的定包管理方法

采用这种方法时,先由企业根据自身具体条件分工种制定万元工作量的工

具费定额,再由工人按定额包干,并实行节奖超罚。工具领发时,采取计价"购买"或用"代金成本票"支付的方式,以实际完成产值与万元工具定额计算节约和超支。

3. 对外包队使用工具的管理方法

(1)外包队均不得无偿使用企业工具

凡外包队使用企业工具者,均须执行购买和租赁的办法,不得无偿使用。外包队领用工具时,须出具由劳资部门提供的相关资料,包括外包队所在地区出具的证明、外包队负责人、工种、人数、合同期限、工程结算方式及其他情况。

(2)对外包队一律按进场时申报的工种颁发工具费

施工期内出现工种变换的,必须在新工种连续操作25天后,方能申请按新工种发放工具费。外包队的工具费随企业应付工程款一起发放,发放的数量可参照班组工具定包管理中某工种班组月度定包工具费收入的方法确定,两者之间的区别在于,外包队的人均日工具费定额需按照工具的市场价格确定。

(3)外包队使用企业工具的支出

外包队使用企业工具的支出采取预扣工具款的方法计算,并列入工具承包合同。预扣工具款的数量,根据所使用工具的品种、数量、单价和使用时间进行预计,计算公式如下:

$$预扣工具款总额 = \sum_{i=1}^{n}(第 i 种工具日摊销费 \times 该种工具使用数量 \times 预计租用天数)$$

第 i 种工具日摊销费 = 该种工具的市场采购价使用期限(日)

(4)外包队向施工企业租用工具的具体程序

1)外包队进场后由所在施工队工长填写《工具租用单》,一式三份,经材料员审核后分别交由外包队、材料部门和财务部门。

2)财务部门根据《工具租用单》签发《预扣工具款凭证》,一式三份分别交由外包队、劳资部门和财务部门。

3)劳资部门根据《预扣工具款凭证》按月分期扣款。

4)工程结束后,外包队需按时归还所租用的工具,根据材料员签发的实际工具租赁费凭证与劳资部门结算。

(5)租用过程中出现的问题及解决办法

1)外包队租用的小型易耗工具须在领用时一次性计价收费。

2)外包队在使用工具期内,所发生的工具修理费须按现行标准支付,并从预扣工程款中扣除。

3)外包队在使用工具期内,发生丢失或损坏的一律按所租用工具的现行市场价格赔偿,并从预扣工程款中扣除。

4)外包队退场时,领退手续不清,劳资部门不予结算工资,财务部门不准付款。

4. 个人随手工具津贴费管理方法

(1)实行个人随手工具津贴费的范围

个人随手工具津贴费管理方法,适用于本企业内瓦工、木工、抹灰工等专业工种的工人所使用的个人随手工具。工人可以选用自己顺手的工具,这种方法有利于加强工具的维护保养,延长工具的使用寿命。

(2)确定个人随手工具津贴费标准

不同工种的个人随手工具津贴费标准也不同。根据一定时期的施工方法和工艺要求,确定随手工具的品种、数量和历史消耗水平,在这个基础上制定津贴费标准,再根据每月实际作业天数,发给个人随手工具津贴费。

(3)实行个人负责制

凡实行个人随手工具津贴费管理方法的工具,单位不再发放,工具的购买、维修、保管和丢失、损坏全部由个人负责。

(4)确定享受个人随手工具津贴的范围

还在学徒期的学徒工不能享受个人随手工具津贴,企业将其所需用的生产工具一次性下发。学徒期满后,企业将学徒工原领工具根据工具的消耗、损坏程度折价卖给个人,再发给个人随手工具津贴。

第八章 材料核算管理

第一节 材料核算管理概述

一、材料核算的概念

材料核算是企业经济核算的重要组成部分。材料核算是以货币或实物数量的形式,对建筑企业材料管理工作中的采购、供应、储备、消耗等项业务活动进行记录、计算、比较和分析,总结管理经验,找出存在问题,从而提高材料供应管理水平的活动。

材料供应核算是建筑企业经济核算工作的重要组成部分。材料费用一般占建筑工程造价60%左右,材料的采购供应和使用管理是否经济合理,对企业的各项经济技术指标的完成,特别是经济效益的提高有着重大的影响。因此建筑企业在考核施工生产和经营管理活动时,必须抓住工程材料成本核算、材料供应核算这两个重要的工作环节。

进行材料核算,应做好以下基础工作。

(1)要建立和健全材料核算的管理体制

要使材料核算的原则贯穿于材料供应和使用的全过程,做到干什么、算什么,人人讲求经济效果,积极参加材料核算和分析活动。这就需要组织上的保证,把所有业务人员组织起来,形成内部经济核算网,为实行指标分管和开展专业核算奠定组织基础。

(2)要建立健全核算管理制度

明确各部门、各类人员以及基层班组的经济责任,制定材料申请、计划、采购、保管、收发、使用的办法、规定和核算程序。把各项经济责任落实到部门、专业人员和班组,保证实现材料管理的各项要求。

(3)要有扎实的经营管理基础工作

基础工作主要包括材料消耗定额、原始记录、计量检测报告、清产核资和材料价格等。材料消耗定额是计划、考核、衡量材料供应与使用是否取得经济效果的标准;原始记录是反映经营过程的主要凭据;计量检测是反映供应、使用情况和记账、算账、分清经济责任的主要手段;清产核资是摸清家底,弄清财、物分布占用,进行核算的前提;材料价格是进行考核和评定经营成果的统一计价标准。没有良好的基础工作,就很难开展经济核算。

二、材料核算的基本方法

1. 工程成本的核算

工程成本核算是指对企业已完工程的成本水平,执行成本计划的情况进行比较,是一种既全面而又概略的分析方法。工程成本按其在成本管理中的作用有三种表现形式:预算成本、计划成本和实际成本。

(1)预算成本

预算成本,是根据构成工程成本的各个要素,按编制施工图预算的方法确定的工程成本,是考核企业成本水平的重要标尺,也是结算工程价款、计算工程收入的重要依据。

(2)计划成本

计划成本,是施工企业为了加强成本管理,在生产过程中有效地控制生产成本所确定的工程成本目标值。计划成本应根据施工图预算,结合单位工程的施工组织设计和技术组织措施计划、管理费用计划确定。计划成本是结合企业实际情况确定的工程成本控制额,是控制和检查成本计划执行情况的依据,是企业降低消耗的目标。

(3)实际成本

实际成本,是指企业完成建筑安装工程实际发生的应计入工程成本的各项费用之和,是企业生产实际耗费在工程上的综合反映,是影响企业经济效益高低的重要因素。

工程成本核算,首先是将工程的实际成本与预算成本进行比较,考查工程成本是节约还是超支。其次是将工程实际成本与计划成本进行比较,检查企业执行成本计划的情况,考查实际成本是否控制在计划成本范围之内。预算成本和计划成本的考核,都要从工程成本总额和成本项目两个方面进行。在考核成本变动时,要借助两个指标,即成本降低额和成本降低率。成本降低额包括预算成本降低额和计划成本降低额,用以反映成本节超的绝对额;成本降低率包括预算成本降低率和计划成本降低率,用以反映成本节超的幅度。

在考核工程成本水平和成本计划执行情况的基础上,还应考核企业所属施工单位的工程成本水平,查明其成本变动对企业工程成本总额变动的影响程度;分析工程的成本结构、成本水平的动态变化,考察工程成本结构和水平变动的趋势。同时,还要分析成本计划和施工生产计划的执行情况,考察两者的实施进度是否同步。

通过进行工程成本核算，对企业的工程成本水平和执行成本计划的情况作出初步评价，为进行深入的成本分析，查明成本升降原因提供依据和方向。

2. 工程成本材料费的核算

工程项目的经济效益主要来源于材料费的节约，材料费管理不善就容易发生被盗、损毁、盘盈、盘亏等。因此，材料费的核算是工程项目实际成本核算的重点，材料费的核算必须从材料购入（调拨）、耗用和管理等环节入手，着重考虑材料的量差和价差。

(1) 材料的量差

材料的量差，是指建筑安装工程定额规定的材料定额消耗量与施工生产过程中材料实际消耗量之间的差值。材料部门应按照定额供料，分单位工程记账，分析节约与超支，促进材料的合理使用，降低材料消耗。做到对工程用料，临时设施用料，非生产性其他用料，区别对象划清成本项目。对属于费用性开支非生产性用料，要按规定掌握，不能记入工程成本。对供应两个以上工程同时使用的大宗材料，可按定额及完成的工程量进行比例分配，分别记入单位工程成本。为了抓住重点，简化基层实物量的核算，可以根据各类工程的用料特点并结合各班组的核算情况，占工程材料费用比重较大的主要材料按品种核算，如钢材、木材、水泥、砂、石、石灰等，施工队建立分工号的实物台账；一般材料则按类别核算，掌握班组用料节超情况，从而找出材料的量差，为企业进行经济活动分析提供资料。

(2) 材料的价差

材料的价差，是材料投标价格与实际采购供应材料价格之间的差值。发生材料价差的情况下，要区别供料方式。价差的处理方法随供料方式的不同而不同。

由建设单位供料、按承包商的投标价格向施工单位结算的，价差则发生在建设单位，由建设单位进行核算。施工单位实行包料、按施工图预算包干的，价差发生在施工单位，由施工单位材料部门进行核算，并按合同的规定计入工程成本。

三、材料成本分析

1. 材料成本分析的概念

材料成本分析就是利用成本数据按期间与目标成本进行比较。对材料成本进行分析，可以找出成本升降的原因，总结经营管理的经验，制定切实可行的措施，不断提高企业的经营管理水平和经济效益。

成本分析可以在经济活动的事先、事中或事后进行。在经济活动开展之前,通过成本预测分析,可以选择达到最佳经济效益的成本水平,确定目标成本,为编制成本计划提供可靠依据。在经济活动过程中,通过成本控制与分析,可以发现实际支出与目标成本之间的差异,以便及时采取措施,保证成本目标的实现。在经济活动完成之后,通过实际成本分析,评价成本计划的执行效果,考核企业经营业绩,总结经验,指导未来。

2. 成本分析方法

成本分析方法很多,如技术经济分析法、比重分析法、因素分析法、成本分析会议等。材料成本分析通常采用的具体方法有趋势分析法、因素分析法和指标对比法。

(1) 指标对比法

指标对比法是一种以数字资料为依据进行对比的方法。通过指标对比,确定存在的差异,然后分析形成差异的原因。

指标对比法主要有:

1) 实际指标和计划指标比较。

2) 实际指标和定额、预算指标比较。

3) 本期实际指标与上期(或上年同期成本企业历史先进水平)的实际指标对比。

4) 企业的实际指标与同行业先进水平比较。

【例】 本期实际指标与预算指标对比如表 8-1 所示。

表 8-1 建筑直接工程费成本表(单位:万元)

成本项目	预算成本	实际成本	成本降低额	成本降低率(%)
人工费	204.5	206.03	−1.53	−0.75
材料费	1610.3	1475.56	134.74	8.37
机械使用费	125.6	125.32	0.28	0.22
其他直接费	32.1	31.27	0.83	2.59
现场经费	90.8	80.24	10.56	11.63
工程成本合计	2063.3	1918.42	144.88	7.02

从表 8-1 中可以看出材料费的成本降低额为 134.74 万元,降低率为 8.37%。

(2) 因素分析法

因素分析法是一种通过分析材料成本各构成因素的变动对材料成本的影响程度,找出材料成本节约或超支原因的方法。

因素分析法具体有连锁替代法和差额计算法。

1)连锁替代法

连锁替代法以计划指标和实际指标的组成因素为基础,把指标的各个因素的实际数,顺序、连环地去替换计划数,每替换一个因素,计算出替代后的乘积与替代前乘积的差额,即为该替代因素的变动对指标完成情况的影响程度。各因素影响程度之和就是实际数与计划数的差额。

【例】 假设成本中材料费超支780元,用连锁替代法进行分析。影响材料费超支的因素有3个,即产量、单位产品材料消耗量和材料单价,有关资料见表8-2。它们之间的关系可用下列公式表示:

材料费总额=产量×单位产品材料消耗量×材料单价

表8-2 材料费总额组成因素表

指标	计划数	实际数	差额
材料费/元	4500	5280	+780
产量/m³	100	110	+10
单位产品材料消耗量/kg	9	8	−1
材料单价/元	5	6	+1

第一次替代,分析产量变动的影响:

$$110(m^3) \times 9(kg/m^3) \times 5(元/kg) = 4950 元$$
$$4950 元 - 4500 元 = 450 元$$

第二次替代,分析材料消耗定额变动的影响:

$$110(m^3) \times 8(kg/m^3) \times 5(元/kg) = 4400 元$$
$$4400 元 - 4950 元 = -550 元$$

第三次替代,分析材料单价变动的影响:

$$110(m^3) \times 8(kg/m^3) \times 6(元/kg) = 5280 元$$
$$5280 元 - 4400 元 = 880 元$$

分析结果:

$$450 元 - 550 元 + 880 元 = 780 元$$

通过计算可以看出,材料单价的提高对材料费超支的影响程度最大。

2)差额计算法

差额计算法是连锁替代法的一种简化形式,它是利用同一因素的实际数与计划数的差额,来计算该因素对指标完成情况的影响。

仍以表10-2为例分析,由于产量变动的影响程度:

$$(+10) \times 9 \times 5 = 450 元$$

由于单位产品材料消耗量变动的影响程度：
$$110×(-1)×5=-550 \text{ 元}$$
由于单价变动的影响程度：
$$110×8×(+1)=880 \text{ 元}$$
分析结果：
$$450+(-550+880)=780 \text{ 元}$$
可见,分析的结果与连锁替代法相同。

(3)趋势分析法

趋势分析法是将一定时期内连续各期有关数据列表反映并借以观察其增减变动基本趋势的一种方法。

【例】 某企业2009~2013年各年的某类单位工程材料成本如表8-3所示。

表8-3 单位工程材料成本表(单位:元)

年度	2009	2010	2011	2012	2013
单位成本	600	660	730	790	850

表中数据说明该企业某类单位工程材料成本总趋势是逐年上升的,但上升的程度多少,并不能清晰地反映出来。为了更具体地说明各年成本的上升程度,可以以某一年为基础,计算各年的趋势百分比。现假设以2009年为基年,各年与2004年的比较如表8-4所示。

表8-4 各年单位工程材料成本上升程度比较表

年度	2009	2010	2011	2012	2013
单位成本比率/(%)	100.0	110.0	121.7	131.7	141.7

从表8-4可以看出该类单位工程材料成本在5年内逐年上升,每年上升的幅度约是上一年的11%左右,这样就可以对材料成本变动趋势有进一步的认识,还可以预测以后成本上升的幅度。

第二节 材料核算管理

一、材料流通过程的核算

1. 材料采购的核算

材料采购的核算以材料采购预算成本为基础,与实际采购成本进行比较,从而考核其成本降低或超支程度。

(1) 材料采购实际价格

材料采购实际价格,是指材料在采购和保管过程中所发生的各项费用的总和,其构成因素包括材料原价、供销部门手续费、包装费、运杂费、采购保管费五个方面。其中哪一个因素发生变化,都会直接影响到材料实际成本的高低,进而影响工程成本的高低。因此,在材料采购及保管过程中力求节约,降低材料采购成本是材料采购核算的重要环节。

市场供应的材料由于货源地、产品成本、运输距离不同,质量情况也不一致。因此要在材料采购或加工订货时作各种比较,注意综合核算材料成本,即同样的材料比质量,同样的质量比价格,同样的价格比运距。尤其是大宗材料,运费占其价格组成的主要成分,减少运输及管理费用显得尤为重要,应尽量做到就地取材。

按材料实际价格计价,是指对每批材料的收发、结存数量都按其在采购或加工订货过程中所发生的实际成本计算单价。这样能够反映材料的实际成本,准确地核算建筑产品材料费用。但是存在及时性差的缺点,这是由于每批材料的购价、运距和使用的交通工具都不一致,导致运杂费的分摊十分繁琐,使库存材料的实际平均单价发生变化,加重日常的材料成本核算工作,往往会影响核算的及时性。通常,按实际成本计算价格采用"先进先出法"或"加权平均法"等。

1) 先进先出法

先进先出法是指如果同一种材料每批进货的实际成本各不相同时,按各批材料不同的数量及价格分别计入账册,在领用时以先购入的材料数量及价格先计价核算工程成本,按先后顺序依此类推。

2) 加权平均法

加权平均法是指同一种材料在发生不同实际成本时,按加权平均法求得平均单价;当下一批进货时,又以余额(数量及价格)与新购入的数量、价格作新的加权平均计算,得出新的平均价格。

(2) 材料预算价格

材料预算价格是以历史水平为基础,并考虑当前和今后的变动因素预先编制的一种计划价格。材料预算价格是地区性的,由地区主管部门颁布,是根据本地区工程分布、投资数额、材料用量、材料源地、运输方法等因素综合考虑,采用加权平均的计算方法确定的。同时也明确规定了其使用范围,在地区范围以外的工程,则应按规定增加远距离的运费差价。

材料预算价格,包括从材料来源地起至到达施工现场的材料仓库或材料堆放场地为止的全部费用,即材料原价、供销部门手续费、包装费、运杂费、采购及保管费。

1)材料原价

①国内生产的材料

市场销售材料,根据当地商业部门规定的现行批发牌价和本地区实际供需时考虑的部分零售价格确定;企业自销产品,按其主管部门批准的现行出厂价计算;构件、成品和半成品,由主管部门综合各类企业的生产成本计算。

②国外生产的材料

国外生产材料的原价按国家批准的进口材料价格计算。对单独引进并签订对外合同的成套设备,要单独计算价格并另加海关征收的各项费用。

③加工材料

加工费和加工过程的损耗费一并计入材料原价。

④综合价格

同一种材料,因产地、包装、供应单位不同时,应按市场占有率加权平均计算。

2)供销部门手续费

凡通过市场销售的材料,都要按照我国商品定价相关规定的费率计算供销部门手续费。供销部门手续费不得重复计算。表8-5列举了目前我国各地区大部分执行国家经贸委规定的费率。

表8-5 供销部门手续费率

序号	材料类别	费率/(%)	备注
1	金属材料	2.5	包括:黑色、有色、生铁等
2	机电材料	1.8	二类机电、仪器、仪表等
3	化工材料	2	酸、碱、橡胶及制品等
4	木材	3	竹、木等及胶合板
5	轻工产品	3	
6	建筑材料	3	包括一、二、三类物资

3)包装费

包装费是指为了便于材料的运输或为保护材料而进行包装所需要的费用,包括材料本身的包装及支撑、棚布等。

由生产厂负责包装的,其包装费用已计入材料原价内,无需另行计算,但应扣除包装的回收价值。包装材料的回收价值,按地区主管部门规定计算,如无规定可参照下列比例结合本地区实际情况确定。

①木制包装的,回收率按70%计算,回收价值按包装材料原价的20%计算。

②铁质包装的回收率,铁桶取95%、铁皮取50%、铁丝取20%,回收价值按

包装材料原价的 50％计算。

③纸质、纤维品包装的,回收率按 50％计算,回收价值按包装材料原价的 50％计算。

包装材料回收价值的计算公式如下:

$$包装品回收价值＝包装品(材料)原价 \times 回收率 \times 回收值$$

4)运杂费

材料运杂费应按材料的来源、运输工具、运输方式、运输里程以及厂家和交通部门规定的运价费率标准进行计算。材料运杂费包括材料产地至车站、码头的短途运输费及车站、码头至用料地的长途运输费;调车及驳船费;过路(桥、闸)费;多次装卸费;有关部门附加费和合理的运输损耗。

编制材料预算价格时,应以就地就近取材为原则,结合资源分布、市场状况、运输条件等因素来确定材料的来源地。

5)采购及保管费

根据材料部门在组织材料资源过程中所发生的各项费用,综合确定其取费标准。计算公式如下:

$$采购及保管费＝(材料原价＋供销部门手续费＋包装费＋运杂费) \times 采购及保管费率$$

式中"采购及保管费率"通常取 2.5％。

(3)材料采购成本的考核

企业进行采购成本考核时,往往分类或按品种从价值上综合考核成本的节超。常用的考核指标有材料采购成本降低(超耗)额和材料采购成本降低(超耗)率。

1)材料采购成本降低(超耗)额

$$材料采购成本降低(超耗)额＝材料采购预算成本－材料采购实际成本$$

式中"材料采购预算成本"是按预算价格事先计算的计划成本支出;"材料采购实际成本"是按实际价格事后计算的实际成本支出。

2)材料采购成本降低(超耗)率

材料采购成本降低(超耗)率用来考核成本降低或超耗的水平和程度。计算公式如下:

$$材料成本降低(超耗)率＝材料成本降低(超耗)额/材料采购预算成本 \times 100％$$

2. 材料供应的核算

材料供应计划是根据施工生产进度计划和材料消耗定额等编制的,是组织材料供应的依据。施工生产进度计划确定了一定时期内应完成的工程量,而材料供应量是根据工程量乘以材料消耗定额,并综合考虑库存、合理储备、综合利用等因素确定的。因此按质、按量、按时配套供应各种材料,是保证施工生产正常进行的基本条件之一。

材料供应的核算,主要是考查材料供应计划的执行情况,就是将一定时期内的材料实际收入量与计划收入量进行对比,考查计划完成的情况,反映材料供应对生产的保证程度。一般从以下两个方面进行考核。

(1)材料供应计划完成率

考核材料供应计划完成率,就是考核材料供应量是否充足,某种材料在某一时期内的收入总量是否完成了计划,检查收入量是否满足了施工生产的需要。计算公式如下:

材料供应计划完成率=实际收入量/计划供应量×100%

【例】 某施工企业某月材料供应计划及完成情况见表8-6。

表8-6 某单位供应材料情况考核表

材料名称	规格	单位	进料来源	进料方式	进料数量 计划	进料数量 实际	实际完成情况/(%)
水泥	425	t	×××水泥厂	卡车运输	400	450	112.5
黄砂		t	材料公司	卡车运输	750	640	85.3
碎石	5~40mm	t	材料公司	航空运输	1680	1800	107.1

检查材料实际收入量是保证生产任务所必须的条件,收入量不充分时就会造成材料供应数量不足而中断施工生产,如表10-6中砂子实际完成计划收入的85.3%,这会在一定程度上影响施工生产的顺利进行。

(2)材料供应的及时率

在材料供应工作中,存在着收入时间是否及时的问题。当收入总量的计划完成情况较好但收入不及时,也会导致施工现场发生停工待料现象。也就是说,即使收入总量充分,但供应时间不及时,同样会影响施工生产的正常进行。材料供应及时率的计算公式如下:

材料供应及时率=实际供应保证生产的天数/实际生产天数×100%

【例】 在分析考核材料供应及时率时,需要把时间、数量、平均每天需用量和期初库存量等资料联系起来考核。例如表8-7中,某单位8月份水泥供应情况为107.5%,从总量上看满足了施工生产的需要,但从时间上看,供应不及时,大部分水泥的供应时间集中在中下旬,必然影响上旬施工生产的顺利进行。

从表8-7可以看出,当月的水泥供应总量超额完成了计划,但由于供应不均衡,月初需用的材料却集中于后期供应,其结果造成了工程发生停工待料现象。

表 8-7　某单位 8 月份水泥供应及时性考核表

进货批数	计划需用量		期初库存量	计划收入		实际收入		完成计划/(%)	对生产保证程度	
	本月	平均每日用量		日期	数量	日期	数量		按日数计	按数量计
	400	15	30						2	30
第一批				1	80	5	45		3	45
第二批				7	80	14	105		7	105
第三批				13	80	19	120		8	120
第四批				19	80	27	178		3	45
第五批				25	80					
合计					400		448	107.5	23	345

实际收入总量 430t 中,能及时利用于生产建设的只有 345t,停工待料 3 天,供应及时率的计算公式如下:

8 月份水泥供应及时率＝23(天)/31(天)×100％＝74.2％

3. 材料储备的核算

为了防止材料积压或储备不足,保证生产的需要,加速资金的周转,企业必须经常进行材料储备的核算,考查材料储备定额的执行情况。

材料储备的核算,是将实际储备材料数量(金额)与储备定额数量(金额)进行对比。当实际储备数量超过最高储备定额时,说明材料有超储积压;当实际储备数量低于最低储备定额时,说明材料储备不足,需要动用保险储备。

材料储备的周转状况,标志着材料储备管理水平的高低。反映储备周转状况的指标有储备实物量和储备价值量。

(1)储备实物量的核算

储备实物量的核算是对材料周转速度的核算,即核算材料对生产的保证天数、在规定期限内的周转次数和周转一次所需的天数。计算公式如下:

某种材料储备对生产的保证天数＝该种材料期末库存量/该种材料平均每日消耗量

某种材料周转次数＝该种材料年度消耗量/该种材料平均库存量

某种材料周转天数＝(该种材料平均库存量/该种材料年度消耗量)×360(天)

【例】 某建筑企业核定砂子的最高储备天数为 6 天,某年度耗用砂子 154380t,其平均库存量为 3540t,期末库存为 4350t。计算其实际储备天数对生产的保证程度及超储或储备不足情况。

实际储备天数＝(砂子平均库存量/砂子年度消耗量)×360
　　　　　　＝3540/154380×360＝8.25(天)

砂子平均每日消耗量＝154380/360＝428.83(t)
对生产的保证天数＝砂子期末库存量/砂子平均每日消耗量
＝4350/428.83＝10.14(天)
其超储天数＝报告期实际天数－最高储备天数
＝8.25-6＝2.25(天)
超储数量＝超储天数×砂子平均每日消耗量
＝2.25×428.83＝964.88(t)

(2)储备价值量的核算

储备价值量的核算,是把实物数量乘以材料单价用货币作为单位进行综合计算,属于价值形态的检查考核,可以不受质量、价格的限制,将各类材料进行最大限度地综合。上述有关周转速度方面(周转次数、周转天数)的计算方法均适用于储备价值量的核算,它还可以从百元产值占用材料储备资金情况及节约使用材料资金方面进行计算考核。其计算公式如下:

百元产值占用材料储备资金＝定额流动资金中材料储备资金平均数/年度建筑安装工作量×100

流动资金中材料资金节约额＝[(计划周转天数－实际周转天数)/360]×年度材料消耗金额

二、材料消耗过程的核算

1. 工程费用组成

按国家现行有关文件的规定,建筑安装工程费由直接工程费、间接费和利润税金三部分构成。

(1)直接工程费

直接工程费由直接费、其他直接费和现场经费组成的。

1)直接费

直接费包括人工费、材料费和施工机械使用费。

①人工费

人工费是指直接从事建筑安装工程的生产工人和附属生产单位(非独立经济核算单位)工人开支的各项费用之和。

人工费＝$\sum$(人工概预算定额消耗量×工程量×相应等级的工资单价)

②材料费

材料费是指施工过程中耗用的构成工程实体的原材料、辅助材料、构配零件和半成品的费用,以及周转材料和工具的摊销或租赁费用。

材料费＝$\sum$(材料概预算定额消耗量×工程量×材料预算单价)

③施工机械使用费

施工机械使用费是指使用施工机械作业所发生的机械使用费以及机械安装、拆除和进出场费。

施工机械使用费＝∑(施工机械台班概预算定额用量×工程量×机械台班单价)

2)其他直接费

其他直接费是指除了直接费之外的,在施工过程中发生的具有直接费性质的费用。一般包括冬雨季和夜间施工增加费;材料二次搬运费;仪器、仪表和生产工具使用费;检验试验费;特殊工程培训费;特殊地区施工增加费和工程定位复测、工程点交、场地清理等费用。

其他直接费是按相应的计取基础乘以其他直接费率确定的。

对于土建工程:

$$其他直接费＝直接费×其他直接费率$$

对于安装工程:

$$其他直接费＝人工费×其他直接费率$$

3)现场经费

现场经费是指组织施工生产和管理,为施工做准备所需的费用,包括临时设施费和现场管理费两方面。

①临时设施费

临时设施费是指企业为建筑安装工程施工中所必需的生活、生产用的临时建、构筑物和其他临时设施的搭设、维修、拆除费用或摊销费用,一般单独核算,包干使用。临时设施包括临时宿舍、文化福利及公用事业房屋与构筑物、仓库、办公室、加工厂及规定范围内的道路、水、电、管线等。

②现场管理费

现场管理费是指发生在施工现场以及针对工程的施工所进行的组织经营管理等支出的费用。现场管理费的组成见图 8-1。

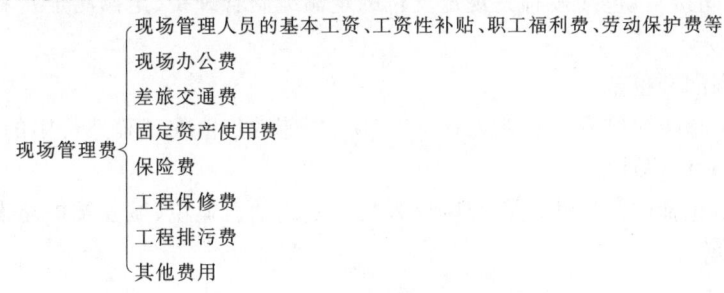

图 8-1 现场管理费的组成

类似于其他直接费,现场管理费是按相应的计取基础乘以现场管理费率确定的。计算公式如下:

对于土建工程：

$$现场管理费＝直接费×现场管理费费率$$

对于安装工程：

$$现场管理费＝人工费×现场管理费费率$$

（2）间接费

间接费由企业管理费、财务费和其他间接费组成。

1）企业管理费

企业管理费是指企业为组织施工生产经营活动所发生的管理费用，具体内容见图8-2。

企业管理费 {
企业管理人员的基本工资
企业办公费
差旅交通费
固定资产使用费
工具用具使用费
工会经费
职工教育经费
劳动保险费
职工养老保险费及待业保险费
保险费
税金
其他费用
}

图 8-2　企业管理费的组成

2）财务费

财务费是指企业为筹集资金而发生的各项费用，包括企业经营期间发生的短期贷款利息净支出、汇兑净损失、金融机构手续费等。

3）其他间接费

其他间接费，包括按有关规定支付的定额编制管理费、定额测定费和上级管理费。

（3）利润和税金

利润，是指建筑安装企业为社会劳动所创造的价值在工程造价中的体现，按照规定的利润率计取。

税金，包括国家税法规定的应计入工程费用的营业税、城乡维护建设税及教育费附加等。

2. 工程材料消耗的核算

现场材料使用过程的管理，主要包括按单位工程实行定额供料和对施工组织耗用材料实行限额领料。前者是按概（预）算定额对在建工程实行定额供应材料;后者是在分部分项工程中以施工定额对施工组织限额领料。

实行限额领料可以使生产部门"先算后用"、"边用边算",克服"先用后算"或"只用不算"。实行限额领料是工程材料消耗管理的出发点,有利于加强企业材料管理,提高企业管理水平;有利于调动操作人员的积极性,合理地有计划地使用材料。

检查材料消耗情况,主要是用材料的实际消耗量与定额消耗量进行对比,来反映材料节约或浪费的情况。考核材料节约或浪费的方法根据材料使用情况的不同而不同。

(1)核算某项工程某种材料的消耗情况

核算某项工程某种材料的定额与实际消耗情况,计算公式如下:

某种材料节约(超耗)量=该种材料定额耗用量-该种材料实际耗用量

上式计算结果为正数表示节约,为负数则表示超耗。

某种材料节约(超耗)率=该种材料节约(超耗)量/该种材料定额耗用量×100%

同样,上式计算结果为正百分数节约率,为负百分数则表示超耗率。

【例】 某工程浇捣墙基 C20 混凝土,每立方米定额用强度等级为 42.5 级的水泥 252kg,共浇捣 24.5m³,实际用水泥 5824kg,则:

$$水泥节约量 = 252 \times 24.5 - 5824 = 350(kg)$$

$$水泥节约率 = 350/(252 \times 24.5) \times 100\% = 5.7\%$$

(2)核算多项工程某种材料的消耗情况

多项工程某种材料节约或超支的计算公式同上,但某种材料的计划耗用量,即定额要求完成一定数量建筑安装工程所需消耗的材料数量的计算公式应为:

某种材料定额耗用量=∑(材料消耗定额×实际完成的工程量)

【例】 某工程浇捣混凝土和砌墙工程均需使用黄沙,工程资料如表 8-8。

表 8-8 某工程黄沙消耗量

分部分项 工程名称	完成工程量 (m³)	消耗定额 (kg/m³)	限额用量 (t)	实际用量 (t)	节约量(+) 超耗量(−) (t)	节约率(+) 超耗率(−) (%)
M5 砂浆砌 一砖半外墙	64.7	320	20.985	20.117	0.868	4.14
现浇 C20 混凝土圈梁	2.85	673	1.7136	1.852	−0.1384	−8.08
合计			22.6986	21.969	0.730	3.22

根据表8-8资料,可以看出,两项操作化整为零节约砂子0.730t,其节约率为3.22%。如果作进一步分析检查,则砌墙工程节约砂子0.868t,节约率达4.14%;混凝土工程超耗砂子0.1384t,超耗率为8.08%。

(3)核算一项工程使用多种材料的消耗情况

由于各种材料的使用价值和计量单位不同,因此考核时不能直接进行加减,而应该利用材料价格作为同度量单位相加,再将总量进行对比。计算公式如下:

材料节约或超支额=Σ材料价格×(材料实际消耗量-材料定额消耗量)

【例】 某施工企业以M5混合砂浆砌一砖半外墙120m³,各种材料的定额消耗金额及实际消耗金额情况见表8-9。

表8-9 材料消耗分析表

材料名称规格	单位	消耗数量		材料计划价格(元)	消耗金额(元)		节约量(+)超耗量(-)(元)	节约率(+)超耗率(-)(%)
		定额	实耗		定额	实耗		
32.5级水泥	kg	4810	4500	0.293	1409.33	1318.5	90.83	6.44
黄砂	kg	35150	36500	0.028	984.2	1022	-37.8	-3.84
石灰膏	kg	3471	4128	0.101	350.57	416.93	-66.36	-18.93
标准砖	块	54500	54000	0.222	12099	11988	111	0.92
合计					14843.1	14745.4	97.67	0.66

(4)核算多项分项工程使用多种材料的消耗情况

核算多项分项工程使用多种材料的消耗情况,一般指以单位工程为对象的材料消耗情况的核算。采用这种方法既可以了解分部分项工程以及各项材料的定额执行情况,又可以分析全部工程项目耗用材料的综合效益,见表8-10中举例说明。

表8-10 材料消耗分析表

工程名称	工程量		材料名称	单位	材料单耗		材料价格(元)	材料费用(元)	
	单位	数量			实际	定额		按实际计	按定额计
C10基础加固混凝土	m³	20	32.5级水泥	kg	192	200	0.293	1125.12	1172
			黄砂	kg	585	600	0.028	327.6	336
			5~40mm碎石	kg	1050	1080	0.0215	451.5	464.4
			大石块	kg	500	475	0.024	240	228

(续)

工程名称	工程量		材料		材料单耗		材料价格(元)	材料费用(元)	
	单位	数量	名称	单位	实际	定额		按实际计	按定额计
C20基础钢筋混凝土	m³	35	32.5级水泥	kg	241	252	0.293	2471.46	2584.26
			黄砂	kg	592	601	0.028	580.16	588.98
			5～40mm碎石	kg	1237	1270	0.0215	930.84	955.68
合计								6126.68	6329.32

3. 周转材料的核算

周转材料可以反复、多次地用于施工过程,因此其价值的转移方式不同于其他材料的一次转移,而是分多次转移,通常称为摊销。周转材料的核算,主要是核算周转材料费用的收入与支出之间的差异和摊销额度。

(1)费用收入

周转材料的费用收入,是在施工图的基础上,以概(预)算定额为标准,随工程款结算而取得的资金收入。

周转材料的取费标准,是在概(预)算定额中根据周转材料的不同材质综合编制的,在施工生产中不再因为实际使用的材质予以调整。现以模板和脚手架为例,介绍周转材料费用收入的主要计算方法。

模板工程中,基础、梁、墙、台、柱等不同部位的操作项目规定有不同的费用标准。一般以每立方米混凝土量为单位计取费用,每项费用中均包括零件、板和钢支撑的费用。

脚手架分为单层建筑脚手架、现浇预制框架建筑脚手架和其他建筑脚手架。除烟囱、水塔脚手架外,其他均按建筑面积以平方米计算。

(2)费用支出

核算过程中,根据施工工程的实际投入量来计算周转材料的费用支出。在实行周转材料租赁制度的企业,费用支出表现为实际支付的租赁费用和维修、赔偿费用;在不实行周转材料租赁制度的企业,费用支出则表现为按照上级规定的摊销率所提取的摊销额,摊销额的计算基数为全部周转材料拥有量。

(3)费用摊销

1)一次摊销法

一次摊销法,是指周转材料一经使用其价值即全部转入工程成本的摊销方法。一次摊销法适用于与主件配套使用并独立计价的零配件等的核算。

2)五·五摊销法

五·五摊销法,是指在周转材料投入使用和到其报废期时,分别将其价值的50%摊入工程成本的摊销方法。这种方法适用于价值偏高而不宜一次摊销的周转材料。

3)期限摊销法

期限摊销法,是根据周转材料使用期限和单价来确定摊销额度的摊销方法。这种方法适用于价值较高,使用期限较长的周转材料。

第一步,分别计算各种周转材料的月摊销额,计算公式如下:

某种周转材料月摊销额(元)=(某种周转材料采购价－预计残余价值)/该种周转材料预计使用时限(月)

第二步,计算各种周转材料月摊销率,计算公式如下:

某种周转材料月摊销率(%)=该种周转材料月摊销额/该种周转材料采购价

第三步,计算月度周转材料总摊销额,计算公式如下:

某种周转材料总摊销额(元)=$\sum$(该种周转材料采购价×该种周转材料摊销率)

4. 工具的核算

(1)工具费用的收入与支出

工具费用的收入,是按照框架结构、排架结构、升板结构、全装配结构等不同结构类型以及领事馆、旅游宾馆和大型公共建筑等不同用途,分不同檐高(以20m为界),以每平方米建筑面积计取的。一般情况下生产工具费用约占工程直接费的2%左右。工具费用的支出,包括购置费、租赁费、摊销费、维修费以及个人工具的补贴费等项目。

(2)工具的账务

工具的账务是与施工企业的财务管理和实物管理相对应的,分为由财务部门建立的财务账和由料具部门建立的业务账。

1)财务账

财务账分为总账、分类账和分类明细账三级。

①总账

总账是一级账,以货币单位反映工具资金来源和资金占用的总体规模。资金来源是指购置、加工、制作、调拨、租用的工具价值的总额;资金占用是企业在库和在用的全部工具价值的余额。

②分类账

分类账是二级账,在总账之下,按工具类别设置,用于反映工具的摊销和余额状况。

③分类明细账

分类明细账是三级账,是针对二级账户的核算内容和实际需要,按工具品种分别设置的账户。

在实际工作中,要做到三级账户平行登记,保证各类费用的对口衔接。

2)业务账

业务账分为总数量账、新品账、旧品账和在用分户账四种。

①总数量账

总数量账可以在一本账簿中分门别类地登记,也可以按工具的类别分设几个账簿进行登记,用以反映企业或单位的工具数量总规模。

②新品账

新品账又称在库账,是总数量账的隶属账,用以反映已经投入使用的工具的数量。

③旧品账

旧品账又称在用账,也是总数量账的隶属账,用以反映经投入使用的工具的数量。

某种工具在总数量账上的数额,应等于该种工具的新品账与旧品账之和。因施工需要使用新品时,应按实际领用数量冲减新品账,同时记入旧品账。当旧品完全损耗时按实际消耗冲减旧品账。

④在用分户账

在用分户账是旧品账的隶属账,用以反映在用工具的动态和分布情况。某种工具在旧品账上的数量,应等于各在用分户账之和。

(3)工具费用的摊销

1)一次摊销法

一次摊销法是指工具一经使用其价值即全部转入工程成本,并通过收入的工程款得到一次性补偿的核算方法。这种方法适用于消耗性工具。

2)五·五摊销法

工具费用的五·五摊销法,与周转材料核算中的五·五摊销法是一样的,是指在工具投入使用和到其报废期时,分别将其价值的50%摊入工程成本,通过工程款收入分两次得到补偿的摊销方法。这种方法适用于价值较低的中小型低值易耗工具。

3)期限摊销法

期限摊销法,是指按工具使用年限和单价确定每次摊销额度,多次摊销的核算方法。工具的价值在各个核算期内部分地进入工程成本并得到补偿。这种方法适用于固定资产工具及价值较高的低值易耗工具。

第九章　机电工程设备供应与管理

第一节　机电工程设备采购管理

机电工程设备采购管理是机电工程综合管理的一个重要组成部分,是以机电工程整体目标为中心,综合进度管理目标、质量管理目标、资金管理目标、健康安全管理目标,结合设备采购的特点和实际情况,按规定的程序获得价格合理、品质优良、交货及时的设备的全过程管理。本节主要运用《建筑法》、《建设工程招投标法》、《合同法》等有关知识,结合机电工程设备采购管理的特点,在采购管理在机电工程项目实践中的应用。

一、设备采购工作程序

采购工作应遵循"公开、公平、公正"和"货比三家"的原则,按质、按量、按时以合理价格获得所需的设备。采购工作程序是保证设备采购工作顺利进行的程序化文件。

1. 设备采购工作的阶段划分

设备采购工作以建立组织开始,经采买、催交、检验、直到最后一批产品通过检验为止,是项目管理的核心之一。通常将设备采购管理分为三个阶段,即准备阶段、实施阶段和收尾阶段。不同的阶段侧重点不同。

(1)准备阶段

主要工作有建立组织、需求分析、熟悉市场、确定采购策略和编制采购计划。

1)建立组织

①成立采购小组,执行设备采购程序。根据设备的采购难度、设备技术的复杂程度、预估的资金占用量的大小、设备的重要程度及各个采办单位的组织机构的不同,成立的组织也各不相同,国内最常见的是成立设备采购小组。其特点是:暂时性、灵活性、针对性。由于是针对特定的设备成立的采购小组,采购小组目标明确,分工清晰,任务落实,往往有较高的功效。

②设备采购小组的采买行为应符合《中华人民共和国招投标法》的要求。

2)需求分析、熟悉市场

①对拟采购的设备的技术水平、制造难度、特殊的检查仪表或器材要求、第三方监督检查要求（如果合同有要求的话）、对监造人员的特殊要求、售后服务的要求等方面做一个全面、细致的分析。

②调查市场情况，重点调查原材料的供给情况、有类似设备的制造业绩的厂商情况、潜在厂商的任务饱和度、类似设备的市场价格或计价方式、类似设备的加工周期、不同的运输方式的费用情况等。

3）确定采购方式和策略

通过需求分析，在对潜在供货商的调查的基础上，结合项目的总体目标和设备的具体特性，确定采购方式和策略。

①对潜在供货商的要求

a. 能力调查。调查供货商的技术水平；调查供货商生产能力，了解供货商的生产周期。

b. 地理位置调查。调查潜在供货商的分布，分析供货商的地理位置、交通运输对交货期的影响程度。例如超大型设备的制造和运输，若供货商的制造基地远离港口，就很难满足采购方整体到货的要求。若大宗设备在西北制造，项目所在地地处南方，则运输周期和费用都会大大降低该供货商中标的概率。

②确定采购策略

在完成需求分析和市场调查的基础上，确定采购策略：即采用公开招标、邀请报价还是单独合同谈判的方式进行采购。

a. 对于市场通用产品、没有特殊技术要求、标的金额较大、市场竞争激烈的大宗设备、永久设备应采用公开招标的方式；

b. 对于拟采购的标的物数量较少、价值较小、制造高度专业化的情况，可以采用邀请报价的方式；

c. 对于拥有专利技术的设备、为使采购的设备与原有设备配套而新增购的设备、负责工艺设计者为保证达到特定的工艺性能或质量要求而提出的特定供货商提供的设备、特殊条件下（如抢修）为了避免时间延误而造成更多花费的设备，宜采用单独合同谈判的方式。

4）编制采购计划

①设备采购计划的主要内容：设备名称（包括附件、备件）、型号、规格、数量、预计单价；技术质量标准。

②设备采购过程的里程碑计划。设备采购应服务于项目的总体计划。设备采购计划应结合项目的总体进度计划、施工计划、资金计划进行编制，避免盲目性。

（2）实施阶段

主要工作包括接收请购文件、确定合格供应商、招标或询价、报价评审或评标定标、召开供应商协调会、签订合同、调整采购计划、催交、检验、包装及运输等。

(3) 收尾阶段

主要工作有交接、材料处理、资料归档和采购总结等。

2. 设备采购工作流程

设备采购工作基本流程见图 9-1。

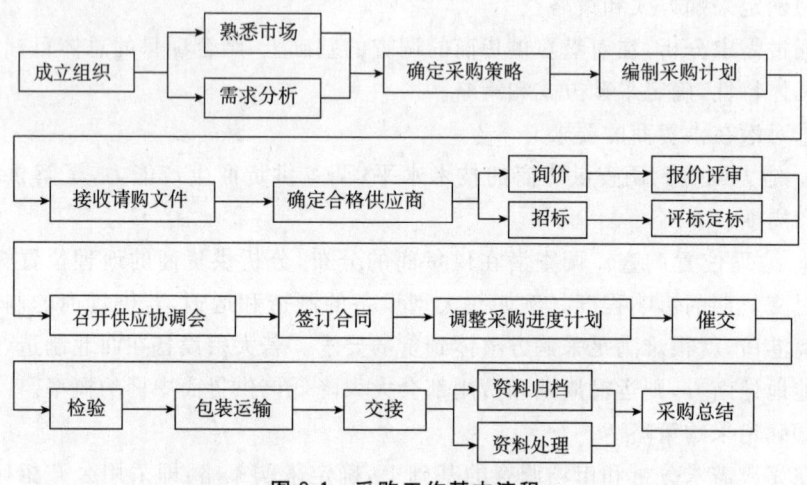

图 9-1 采购工作基本流程

3. 设备采购工作中心任务

设备采购工作应围绕以下 3 个中心任务展开

(1) 质量安全保证

人身安全保证和项目运行安全保证是核心。要确保此核心,必须严格按设计文件指定的质量标准执行采购、检查和验收。对于重大设备,如大型的压机、汽轮发电机、轧机、石油化工设备,应进行设备监造或第三方认证。

(2) 进度保证

以项目整体进度为着眼点,综合采用监造、催交、催运等手段,严格按拟定的设备采购周期进行控制,使设备采购计划与设计进度和施工进度合理搭接,处理好他们间的接口管理关系,以保证项目能按计划运行。例如:设备主装置、需要早期施工的设备管路及其配套设备应优先采购。

(3) 经济保证

1) 经济保证的原则

以项目全寿命周期总成本最低为目标,通过优化方案、优化工艺、简化检维护措施、减少仓储保管费用、避免二次倒运等技术、经济手段,使项目的全过程成本最低,着眼于项目建设的大局,以项目总体成本的降低为标准,不能只看采购直接成本的降低,要从项目采购的全过程来探求降低总成本的有效措施。

2)经济保证的措施

①准确预算是设备采购的基准。设备采购预算是对资金使用的一个整体规划,准确预算可确保资金的使用在合理的范围内浮动,有效地控制资金的流向和流量,达到控制设备采购成本的目的。

②充分利用环境,建立健全市场信息机制。充分利用采购内外环境,为科学决策提供有力参考;加强成本控制(内部环境),将各项费用控制在预定的基准以内。

③对全过程精细化管理,最大程度的降低采购成本。对每一个环节都进行精细控制。

二、设备采购文件的编制要求

设备采购文件的编制是项目实施采购工作中重要的一环。

1. 设备采购文件编制原则

设备采购文件编制原则:按程序、有依据、求节约。

(1)按程序:设备采购文件由项目采购经理根据相关程序进行编制。要经过编制、技术参数复核、进度(计划)工程师审核、经营(费控)工程师审核,由项目经理审批后实施。若实行公开招标或邀请招标的,还要将该文件报招标委员会审核,由招标委员会批准后实施。

(2)有依据:设备采购文件编制的依据是工程项目建设合同、设备请购书、采购计划及业主方对设备采购的相关规定等文件。

(3)求节约:设备采购文件的编制要本着全流程成本的思想,力求达到准确预算、充分利用环境、全过程细节控制。利用价值工程原理,用性价比方法,保证质量,降低成本。

2. 设备采购文件的组成

设备采购文件由设备采购技术文件和设备采购商务文件组成。

(1)设备采购技术文件

1)设备请购文件

①设备请购书包括下列文件:供货和工作范围;技术要求和说明、工程标准(工程规定图纸、数据表;检验要求;供货商提交文件的要求等。

②设备请购书及附件由项目控制(计划)经理向项目采购经理提交,对于未设置控制部的公司则由项目设计经理提交;

2)请购设备的技术要求:设备工艺负荷说明;对制造设备的材料的要求;特

殊设计要求;超载能力和裕度要求;控制仪表的要求;电气和公用工程技术数据;采用的设计规范和标准;设备材料的表面处理和防腐、涂漆;图纸和文件的审批;二底图和蓝图的份数、电子交付物的要求;操作和维修手册的内容和所需份数;指定用途、年限的备品备件清单;性能曲线、检验证书和报告;其他有关说明。

3)请购设备技术附件:数据表、技术规格书、图纸及技术要求、特殊要求和注意事项等。

(2)设备采购商务文件

1)设备采购商务文件组成:询价函及供货一览表;报价须知;设备采购合同基本条款和条件;包装、唛头、装运及付款须知;确认报价回函(格式)。

2)设备采购商务文件要点:

①常采用标准通用文件,在执行某一特定项目时,应根据项目合同及业主的要求把以上通用商务文件修改为适合该设备使用的设备采购商务文件。

②设备采购技术文件和商务文件组成设备采购文件后,即可按采买计划,依照程序规定向已经过资质审查的潜在供货商发出。

三、设备询价的工作程序

设备采购招标(询价)工作是设备采办工作中的重要环节。招标(询价)工作程序是否规范,组织得是否严谨,标的是否界定准确,各项要求是否完整都直接影响标价,甚至对项目的整体运行产生重大影响。本条主要知识点是:预询价;选择合格供货厂商;设备询价的工作程序;项目采购评审。

1. 预询价

在 EPC 项目的总包商投标阶段,潜在的 EPC 总承包商要根据业主(建设方)提出的要求及项目的主要参数制定项目的总体方案,以此为依据对项目的主要材料和设备参数进行初步框定,按框定的材料和设备参数向供货商征询其价格区间,作为 EPC 项目进行项目总承包报价的依据

2. 选择合格供货厂商

在对潜在供货商调查的基础上,经过规定程序的评估,形成合格供货商名单。潜在供货商在成为合格供货方后,才能被纳入设备采购的供方的名录,才能进行投标或商务谈判等后续程序。此程序相当于招投标程序中的资格预审。

招标(询价)只针对经过资格审查的合格供货商。

(1)合格供货商的审查内容

对于初次欲进系统的供货商,资格预审要按各公司或集团公司的程序进行,重点要考虑下述内容:

1)供货商所取得的资质证书要适合制造该类设备。

2)供货商的装备和技术必须具备制造该类设备的能力并可保证产品质量和进度。

3)供货商执行合同的信誉是否良好。

4)供货商经营管理和质保体系运作的状态。

5)上年和当时的财务状态是否良好。

6)当年的生产负荷状态。

7)同型号设备或类似设备的供货业绩。

8)供货商制造场地至建设现场的运输条件是否满足要求。

9)对于已改制或正在改制的供货商应关注其各方面的变化和法律地位。

10)对于成套商或中间商应特别关注其货物来源及质量、成套能力、资金状况和执行合同的信誉。

(2)公开招标的供货商名录

设备采购实行公开招标时,由招标人通过公众媒体发出招标通告,已通过资质评审的潜在供货商均可参与投标。

(3)邀请招标的供货商名录

1)"短名单"。在项目实施过程中,设备采购方为了避免不同技术档次、信誉档次、产品质量档次的供货商之间进行恶性竞标,往往在已有的合格供货商名录中,挑选更加符合设备供货要求的潜在供货商,形成"短名单"。

2)严格按程序进行。入选"短名单"规则的制定、审核、批准。审定人员(评委)资格的认定。评审的工作流程。形成的"短名单"的报批。对有些项目,形成的"短名单"要经过建设方或上级主管部门审批。

3)结合设备的实际,审查潜在供货商的资质文件

主要要考虑下述情况:

①供货商的地理位置。以能方便地取得原材料、方便地进行成品运输为关注点,一般以距建设现场或集货港口比较近为宜。

②技术能力、生产能力。力求与拟采设备的要求相匹配。

③生产任务的饱满性。一定要考虑供货商的生产安排能否与项目的进度要求协调。

④供货商的信誉。通过走访、调查、交流等手段,了解潜在供货商的企业信誉。

3. 设备询价的工作程序

选择合格供货商→招标文件(询价文件)的编制和发放→询价和报价文件的接收→报价的评价→报价评审结果交业主确认(按项目合同规定)→召开厂商协调会并决定中标厂商→签订购货合同。

4. 设备采购评审

设备采购小组应尽快组织相关专家,按招投标法的规定,进行投标文件的评审。评审包括技术评审、商务评审和综合评审。

(1)技术评审

1)技术评审由相关专业的有资质的专家进行,由项目设计经理组织评审。

2)技术评审的依据是设备采购招标文件所包括的所有的设备技术文件和供货商的技术标书,并据此对供货商的技术标书进行评审,做出合格、不合格或局部澄清后合格的结论。

3)对供货商在评价合格的基础上作横向比较并排出推荐顺序。

(2)商务评审

1)商务评审由采购工程师(或费控工程师)负责组织相关专家进行评审。

2)对于技术评审不合格的厂商不再作商务评审。

3)严格按经过批准的评标办法进行,未列入评标办法的指标不得作为商务评标的评定指标。

4)商务评审的依据是设备采购招标文件(询价商务文件)和厂商的商务报价,对照招标书,逐项对各家商务标的响应性做出评价,重点评审厂商的价格构成是否合理并具有竞争力。

5)对各厂商的商务报价作横向比较并排出推荐顺序。

(3)综合评审

1)采购经理在技术评审和商务评审的基础上组织综合评审。评审人员由有资质的专家组成,按法定程序进行评审。

2)综合评审既要考虑技术,也要考虑商务,并从质量、进度、费用、厂商执行合同的信誉、同类产品业绩、交通运输条件等方面综合评价并排出推荐顺序。

3)项目经理依据推荐的供货商排名审批评审结果。对于价格高、制造周期长的重要设备还需要按程序报请上级主管单位审批。

4)如果报价突破已经批准的预算,则需要从费控工程师开始逐级办理审批手续。

5)最终按经过批准的修正预算进行控制。

第二节 机电工程设备监造与验收管理

一、设备监造管理的要求

设备监造是指承担设备监造工作的单位(以下简称监造单位)受设备采购单

位或建设单位(以下简称委托人)的委托,按照设备供货合同的要求,坚持客观公正、诚信科学的原则,对工程项目所需设备在制造和生产过程中的工艺流程、制造质量及设备制造单位的质量体系进行监督,并对委托人负责的服务。设备监造并不减轻制造单位的质量责任,不代替委托人对设备的最终质量验收。监造人员对被监造设备的制造质量承担监造责任。

1. 编制设备监造大纲

(1)设备监造大纲的编制依据

1)设备供货合同;

2)国家有关法规、规章、技术标准;

3)设备设计(制造)图纸、规格书、技术协议;

4)《设备监造管理暂行办法》国质检质联[2002]174号;

5)设备制造相关的质量规范和工艺文件。

(2)设备监造大纲的内容

1)制定监造计划及进行控制和管理的措施;

2)明确设备监造单位:本单位自行监造。若外委需签订设备监造委托合同;

3)明确设备监造过程:有设备制造全过程监造和制造中重要部位的监造;

4)明确有资格的相应专业技术人员到设备制造现场进行监造工作;

5)明确设备监造的技术要点和验收实施要求。

2. 设备监造的要求

设备监造是一个监督过程,它涉及整个设备的设计和制造过程。验证设备设计、制造中的重要质量特性与订货合同以及规定的适用标准、图纸和专业守则等的符合性。

(1)监造人员的要求

1)监造人员应具备本专业的丰富技术经验,并熟悉 GB/T19000—ISO9000 系列标准和各专业标准。

2)监造人员应专业配套,熟练掌握监造设备合同技术规范、生产技术标准、工艺流程以及补充掠术条件的内容。

3)具有质量管理方面的基本知识,掌握 GB/T1—9000 系列标准的全部内容,能够参与供货合同的制造单位质量体系和设备质量的评定工作。如发生重大事故时就需要进行质量保证体系审核。

4)掌握所监造设备的生产工艺及影响其质量的因素,熟悉关键工序和质量控制点的要求和必要条件。

5)思想品德好,作风正派,身体健康。具备一定的组织协调能力,有高度的责任感和善于处理问题。

(2)设备监造的内容

1)审查制造单位质量保证体系;施工技术文件和质量验收文件;质量检查验收报告。

2)审查制造单位施工组织设计和进度计划。

3)审查原材料、外购件质量证明书和复验报告。

4)审查设备制造过程中的特种作业文件,审查特种作业人员资质证。

5)现场见证(外观质量、规格尺寸、制造加工工艺等);停工待检点见证。

3. 监督点的设置

根据设备监造的分类,设置监督控制点,包括对设计过程中与合同要求的差异的处置。主要监督点的设置要求:

(1)停工待检(H)点:针对设备安全或性能最重要的相关检验、试验而设置,例如重要工序节点、隐蔽工程、关键的试验验收点或不可重复试验验收点。压力容器的水压试验就属于停工待检点。监督人员须按标准规定监视作业,确认该点的工序作业。停工待检(H)点的检查重点之一就是验证作业人员上岗条件要求的质量与符合性。

(2)现场见证(W)点:针对设备安全或性能重要的相关检验、试验而设置,监督人员在现场进行作业监视。如因某种原因监督人员未出席,则制造厂可进行此点相应的工序操作,经检验合格后,可转入下道工序,但事后必须将相关的结果交给监督人员审查认可。

(3)文件见证(R)点:要求制造厂提供质量符合性的检验记录、试验报告、原材料与配套零部件的合格证明书或质保书等技术文件,使总承包方确信设备制造相应的工序和试验已处于可控状态。

4. 监造工作方法

(1)日常巡检。监造人员现场检查制造单位执行工艺规程情况、工序质量情况、各种程序文件的贯彻情况、不合格品的处置情况以及标识、包装和发运情况。

(2)监造会议。根据设备监造需要,监造机构或监造工程师组织召开相关单位、人员参加的协调会议,协调处理质量、进度等方面的问题。

(3)停工待检(H)点的监督

针对重要工序节点、隐蔽工程、关键的试验验收点或不可重复试验验收点,监造工程师必须按制造商提交的报检单中的约定时间,参加该控制点的检查。如制造商未按规定提前通知,致使监造人员不能如期参加现场监督,监造人员有权要求重新见证、现场检验。

该控制点需得到监造工程师签证后,设备制造商方能转入下道工序。

(4)现场见证(W)点的监督

监造工程师应对现场见证(W)点进行旁站监造。制造商需提前通知监造人员,监造人员在约定的时间内到达现场进行见证和监造。现场见证(W)点作业时应有监造人员在场对制造单位的试验、检验等过程进行现场监督检查,对符合要求的予以签认。

(5)文件见证(R)点监督

监造人员审查设备制造单位提供的文件,由监造人员对符合要求的资料予以签认。检查的内容包括:原材料、元器件、外购外协件的质量证明文件;施工组织设计;技术方案;人员资质证明;进度计划;制造过程中的检验、试验记录等。

(6)召开质量会议

在设备制造过程中如发生质量问题,监造工程师应及时通知制造商处理,并组织有关单位召开质量会议,分析原因,制定整改措施和预防措施,并监督整改和预防措施的执行。同时将相关情况以书面形式报告委托方。

(7)周例会、月例会

监造工程师应组织相关方召开周例会、月例会,就质量、进度、整改措施和预防措施的实施情况进行通报和总结。

(8)监造日记

由监造人员编写,记录每天监造检查工作内容及相关情况。在监造过程中,如发现、发生质量问题,监造人员应及时通知制造商进行处理,并组织相关人员分析原因,制定整改措施和预防措施,并监督整改和预防措施的执行。同时将相关情况以书面形式向委托方汇报。

(9)监造周报及月报

监造工作小组每周一向委托方提交上周的"监造周报",每月的规定日期前提交上月"监造月报",全面反映设备监造过程中的质量情况、进度情况及问题处理情况。"监造周报"和"监造月报"具体内容包括:设备制造进度情况;质量检查的内容;发现的问题及处理方式;前次发现问题处理情况的复查;监造人、时间等其他相关信息。

(10)监造总结

设备监造工作结束后,监造工程师应编写设备监造工作总结,整理监造工作中的有关资料、记录等文件。

二、设备检验要求

设备是项目施工的物质条件,设备的质量是工程质量的基础。加强设备检验是提高工程质量的重要保证。本条主要知识点是:设备验收的主要依据;设备验收的内容;设备进场验收程序。

1. **设备验收的主要依据**

(1)设备采购合同。包括:全部与设备相关的参数、型号、数量、性能和其他要求;进度、供货范围、设备应配有的备品备件数量;相关服务的要求如安装、使用、维护服务、施工过程的现场服务。跨国的采买合同还应明确付款货币名称,如两种以上货币时的比例;人民币与外币的汇率比及时间。

(2)设计单位的设备技术规格书、图纸和材料清册。

(3)设备采买单位制定的监造大纲。

2. **设备验收的内容**

设备验收项目主要包括核对验证、外观检查、运转调试检验和技术资料验收四项。

(1)核对验证

1)核对设备(含主要部件)的型号规格、生产厂家、数量等。

2)设备整机、各类单元设备及部件出厂时所带附件、备件的种类、数量等应符合制造商出厂文件的规定和定购时的特殊要求。关键原材料和元器件质量及文件复核,包括关键原材料、协作件、配套元器件的质量及质保书。设备复验报告中的数据与设计要求的一致性。关键零部件和组件的检验、试验报告和记录以及关键的工艺试验报告与检验、试验记录和复核。

3)验证产品与制造商按规定程序审批的产品图样、技术文件及相关标准的规定和要求的符合性。设备与重要设计图纸、文件与技术协议书要求的差异复核,主要制造工艺与设计技术要求的差异复核。

4)购置协议的相关要求是否兑现。

5)变更的技术方案是否落实。

6)查阅设备出厂试验的质量检验的书面文件,应符合设备采购合同的要求。

7)验证监造资料。

8)查阅制造商证明和说明出厂设备符合规定和要求所必需的文件和记录。

(2)外观检查

检验应包括但不限于下列内容:安装完整性、管缆布置、工作平台、加工表面、非加工表面、焊接结构件、涂漆、外观、贮存、接口、非金属材料、连接件、备件、附件专用工具、包装、运输、各种标志应符合供货商技术文件的规定和采购方的要求,产品标志还应符合相关特定产品标准的规定。

(3)运转调试检验

设备的调试和运转应按制造商的书面规范逐项进行。所有待试的动力设备,传动、运转设备应按规定加注燃油、润滑油(脂)、液压油、冷却液等,相关配套辅助设备均应处于正常状态。记录有关数据形成运转调试检验报告。

(4)技术资料的验收

设备出厂验收文件一般称为设备随机文件,应为文本文件和电子文档。应符合国家、行业的有关法律、法规和相关标准的规定。

3. 设备施工现场验收程序

(1)设备施工现场验收应由业主、监理、生产厂商、施工方有关代表参加。

(2)对进场设备包装物的外观检查,要求按进货检验程序规定实施。

(3)设备安装前的存放、开箱检查要求按设备存放、开箱检查规定实施;设备验收的具体内容,结合现场的实际,按规定的验收步骤实施。

(4)验收进口设备首先应办理报关和通关手续,经商检合格后,再按进口设备的规定,进行设备进场验收工作。

三、设备现场检验与试验

为保证工程质量,必须加强对机电工程所使用设备的管理。施工单位应建立一整套严格的质量管理体系,建立健全各项管理制度。从采购、运输、验收、保管、安装和调试等各环节严格把关,实行专人负责和共同审核机制,会同施工、建设、监理三方对主要设备和重点工程进行审核验收并签字确认。落实责任追究制度,奖罚分明,管理有序,确保机电工程的施工质量。

1. 设备的基本要求

机电工程所使用的主要材料、成品、半成品、配件、器具和设备必须符合国家或行业的现行技术标准,满足设计要求。其基本要求如下:

(1)实行生产许可证和安全认证制度的产品,比如:机电设备、施工机具、照明灯具、开关插座、安保器材、仪器仪表、管件阀门等,必须具有许可证编号和安全认证标志,相关材证资料齐全有效。

(2)在施工中应用的设备必须具有质量合格证明文件,规格、型号及性能检测报告。进场时应做检查验收,对其规格、型号、数量及外观质量进行检查,不合格的建材产品应立即退货。涉及安全、节能、环保等功能的产品,应按各专业工程质量验收规范的规定进行复验(试),复验合格并经监理工程师检查认可后方可使用。

(3)按规定须进行抽检的建材产品,应按规定程序由相关单位委托具有法定资质的检测机构,会同监理(建设)、施工单位,按相关标准规定的取样方法、数量和判定原则,进行现场抽样检验。施工单位应根据工程需要配备相应的检测设备,检测设备的性能应符合有关施工质量检测的规定。

(4)建筑给水、排水及采暖工程所使用的管材、管件、配件、器具及设备必须是认证厂家生产的合格品,并有中文质量合格证明文件,生活给水系统所涉及的材料必须达到饮用水卫生标准。

(5)主要器具和设备必须有完整的安装使用说明书,设备有铭牌,注明厂家、型号。在运输、保管和施工过程中,应采取有效措施防止损坏或腐蚀。

(6)机电设备安装施工用的辅助材料原则上使用厂家指定产品,非指定产品必须要求材料供应商提供材料的材质证明及合格证,其规格和质量必须符合工艺标准规定的技术参数指标,以确保达到工程质量标准。

(7)管道使用的配件的压力等级、尺寸规格等应和管道配套。塑料和复合管材、管件、胶粘剂、橡胶圈及其他附件应是同一厂家的配套产品。

(8)工程中使用的设备优先选用环保节能产品,辅助材料必须满足有关环保及消防要求。

(9)电气设备上计量仪表和与电气保护有关的仪表应检定合格,投入试运行时,应在有效期内。

(10)电力变压器、柴油发电机组、不间断电源柜、高低压成套配电柜、控制柜(屏、台)及动力、照明配电箱(盘)等重要电力设备应有出厂试验记录及完整的技术资料。

(11)防腐保温材料除应符合设计的质量要求外,还应符合环保、消防等方面的技术规范要求。

2. 设备的检验与试验

机电工程的设备、成品和半成品必须进行入场检验,查验产品外包装、品种、规格、附件等,如对产品质量有异议应送有资质第三方检验机构进行抽样检测,并出具检测报告,确认符合相关技术标准规定并满足设计要求,才能在施工中应用。成套设备或控制系统除符合相关技术标准规定外,还应有出厂检验与试验记录,并提供安装、调试、使用和维修的完整技术资料,确认符合相关技术规范规定和设计要求,才能在施工中应用。

入场检验工作应由工程总承包方牵头,协调施工、建设、监理和供货商共同参与完成,检验工作程序规范,结论明确,记录完整。具体要求如表9-1所示。

表9-1 机电工程设备进场检验要求

序号	设备、材料	检验项目	查验要求
1	开关、插座、接线盒和风扇及其附件	产品证收	查验合格证
			防爆产品有防爆标志和防爆合格证号
			安全认证标志
		外观检查	完整、无破裂、零件齐全
			风扇无变形损伤,涂层完整,调速器等附件适配
		电气性能	现场抽样检测
			对塑料绝缘材料阻燃性能有异议时,按批抽样送有资质的试验室检测

（续）

序号	设备、材料	检验项目	查验要求
2	电线、电缆	产品证书	接批查验合格证、生产许可证编号和安全认证标志
		外观检查	包装完好,抽检的电线绝缘层完整无损,厚度均匀 电缆无压扁、扭曲,铠装不松卷 耐热、阻燃的电线、电缆外护层有明显标识和制造厂标
		电气性能	现场抽样检测绝缘层厚度和圆形线芯的直径符合制造标准对电线、电缆绝缘性能、导电性能和阻燃性能有异议时,按批抽样送有资质的试验室检测
3	电气工程用导管	产品证书	按批查验合格证
		外观检查	钢导管无压扁、内壁光滑 非镀锌钢导管无严重锈蚀,油漆完整 镀锌钢导管镀层均匀完整、表面无锈斑 绝缘导管及配件不碎裂、表面有阻燃标记和制造厂标
		质量性能	现场抽样检测导管的管径、壁厚及均匀度符合出厂标准对绝缘导管及配件的阻燃性能有异议时,按批抽样送有资质的试验室检测
4	安装用型钢和电焊条	产品证书	按批查验合格证和材质证明书
		外观检查	型钢表面无严重锈蚀,无过度扭曲、弯折变形 电焊条包装完整,拆包抽检,焊条尾部无绣斑
5	镀锌制品和外线金具	产品证书	按批查验合格证或厂家出具的镀锌质量证书
		外观检查	镀锌层覆盖完整、表面无锈斑、无砂眼、无变形 金具配件齐全
6	电缆桥架、线槽	产品证书	查验合格证
		外观检查	部件齐全,表面光滑、不变形 钢制桥架涂层完整,无锈蚀 玻璃钢制桥架色泽均匀,无破损碎裂 铝合金桥架涂层完整,无扭曲变形,不压扁,无划伤
7	封闭母线、插接母线	产品证书	查验合格证和随带安装技术文件
		外观检查	插接母线上的静触头无缺损、表面光滑、镀层完整 母线螺栓搭接面平整、镀层覆盖完整、无起皮和麻面 防潮密封良好,各段编号标志清晰 附件齐全,外壳不变形
8	裸母线、裸导线	产品证书	查验合格证
		外观检查	包装完好,裸母线平直,表面无明显划痕 裸导线表面无明显损伤,不松股、扭折和断股(线)
		质量性能	测量厚度和宽度符合制造标准 测量线径符合制造标准

(续)

序号	设备、材料	检验项目	查验要求
9	电缆头部件及接线端子	产品证书	查验合格证
		外观检查	部件齐全,表面无裂纹和气孔 随带的袋装涂料或填料不泄漏
10	照明灯具及附件	产品证书	普通灯具应有安全认证标志 防爆灯具应有防爆标志和防爆合格证号 新型气体放电灯具应有随带的技术文件和产品合格证
		外观检查	检查灯具涂层完整,无任何变形损伤 附件齐全
		质量性能	抽样检测成套灯具的绝缘电阻、内部接线等性能指标 对游泳池和类似场所灯具(水下灯及防水灯具)的密闭和绝缘性能有异议时,按批抽样送有资质的试验室检测
11	仪表设备及材料	开箱检查	产品包装及密封无破损,外观完好 产品的技术文件和质量证明书齐全 铭牌标志、附件、备件齐全 型号、规格、数量与设计要求相符
12	依表盘柜、箱	外观检查	表面平整,内外表面漆层完好 型号、规格与设计要求相符 盘、柜、箱内的仪表、电源设备及其所有部件的外形尺寸和安装孔尺寸准确,安装定位牢固可靠
13	高低压成套配电柜、控制柜(屏、台)及动力、照明配电箱(盘)	产品证书	查验产品合格证和随带技术文件
		外观检查	涂层完整,无明显变形损伤 检查柜内元器件无损坏丢失、接线牢固可靠
14	蓄电池柜、不间断电源柜	产品证书	许可证编号和安全认证标志 不间断电源柜应有出厂试验记录
		外观检查	蓄电池柜内电池壳体无碎裂、漏液,充油充气设备无泄漏
15	柴油发电机组	产品证书	查验产品合格证和附带的技术文件 发电机及其控制柜应有出厂试验记录
		开箱检查	依据装箱单,核对主机、附件、专用工具、备品备件
16	电动机、电加热器、电动执行机构和低压开关设备	产品证书	查验合格证、许可证编号和安全认证标志 安装、调试、使用说明等技术文件
		开箱检查	查验电气接线端子完子,元器件装配牢固无缺损,附件齐全

(续)

序号	设备、材料	检验项目	查验要求
17	变压器、箱式变电所、高压电器及电瓷制品	产品证书	产品合格证和技术文件齐全完整 变压器应有出厂试验记录
		外观检查	检查绝缘件无缺损、裂纹、渗漏现象 充气高压设备气压指示正常 涂层完整，无损伤 查验附件

机电工程其他专用设备、附件、辅材均应符合相关质量要求，有产品合格证及性能检测报告或厂家的质量证明书，并符合工程设计要求。仪表设备的性能试验应按现行相关技术规范的规定执行。

第三节　机电工程设备现场保管的要求

进入现场的设备、器具要妥善安放，入库材料应由有关责任人和仓库保管员负责入库验收。验收内容为材料的类别、规格、型号、数量以及采购材料的合格证明等。室外保管要有完整的外包装，采取防雨、防晒、防风和防火等必要的防护措施。室内保管要注意防潮防火，易破碎物品要采取保护措施并予以醒目标识。具体要求如下：

(1)现场的材料应按型号、品种分区摆放，并分别编号、标识。

(2)易燃易爆的材料应专门存放、专人负责保管，并有严格的防火、防爆措施。

(3)有防湿、防潮要求的材料，应采取防湿、防潮措施，并做好标识。

(4)有保质期的库存材料应定期检查，防止过期，并做好标识。

(5)易损坏的材料应保护好外包装，防止损坏。

(6)材料的账、卡、物及其质量保证文件齐全、相符。

(7)仪表设备及材料验收后，应按其要求的保管条件分区保管。主要的仪表材料应按照其材质、型号及规格分类保管。

(8)仪表设备及材料在安装前的保管期限，不应超过一年。当超期保管时，应符合设备及材料保管的专门规定。

(9)油漆、涂料必须在有效期内使用，如过期，应送技检部门鉴定合格后，方可使用。

(10)保温材料在贮存、运输、现场保管过程中应不受潮湿及机械损伤。

(11)灯具、材料在搬运存放过程中应注意防震、防潮，不得随意抛扔、超高码放。应存放在干燥通风，不受撞击的场所。

第十章 新型建筑材料管理

第一节 新型建筑材料审批

根据《"采用不符合工程建设强制性标准的新技术、新工艺、新材料核准"行政许可实施细则》的规定,采用不符合工程建设强制性标准的新型材料应申请办理相关的行政许可。

所称的"不符合工程建设强制性标准"是指与现行工程建设强制性标准不一致的情况,或直接涉及建设工程质量安全、人身健康、生命财产安全、环境保护、能源资源节约和合理利用以及其他社会公共利益,且工程建设强制性标准没有规定又没有现行工程建设国家标准、行业标准和地方标准可依的情况。

在中华人民共和国境内的建设工程,拟采用不符合工程建设强制性标准的新材料时,应当由该工程的建设单位依法取得行政许可,并按照行政许可决定的要求实施。未取得行政许可的,不得在建设工程中采用。

一、行政许可的申请和办理

国务院建设行政主管部门负责"三新核准"(即:新技术、新工艺和新材料)的统一管理,由建设部标准定额司具体办理。

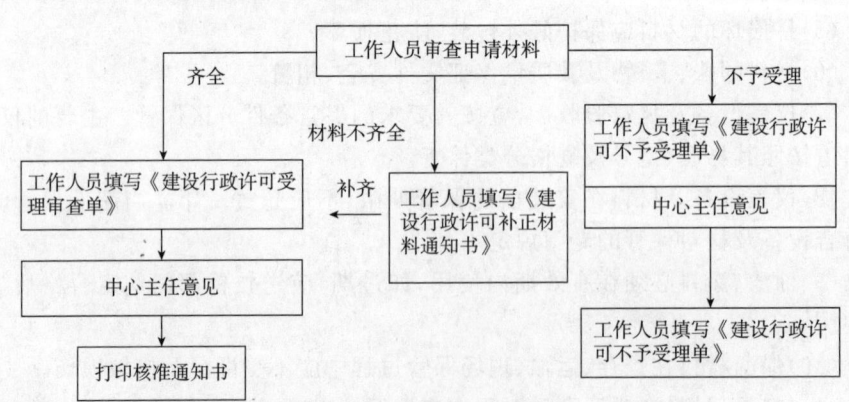

图 10-1 "三新核准"流程图

(1)申请"三新核准"的事项,应当符合下列条件:

1)申请事项不符合现行相关的工程建设强制性标准;

2)申请事项直接涉及建设工程质量安全、人身健康、生命财产安全、环境保护、能源资源节约和合理利用以及其他社会公共利益;

3)申请事项已通过省级、部级或国家级的鉴定或评估,并经过专题技术论证。

(2)建设部标准定额司将在指定的办公场所、建设部网站等公布审批"三新核准"的依据、条件、程序、期限、所需提交的全部资料目录以及申请书示范文本等。

(3)申请"三新核准"时,建设单位应当提交下列材料:

1)《采用不符合工程建设强制性标准的新技术、新工艺、新材料核准申请书》;

2)采用不符合工程建设强制性标准的新技术、新工艺、新材料的理由;

3)工程设计图(或施工图)及相应的技术条件;

4)省级、部级或国家级的鉴定或评估文件,新材料的产品标准文本和国家认可的检验、检测机构的意见(报告),以及专题技术论证会纪要;

5)新技术、新工艺、新材料在国内或国外类似工程应用情况的报告或中试(生产)试验研究情况报告;

6)国务院有关行政主管部门的标准化管理机构或省、自治区、直辖市建设行政主管部门的审核意见。

(4)《采用不符合工程建设强制性标准的新技术、新工艺、新材料核准申请书》(示范文本)可向国务院有关行政主管部门的标准化管理机构或省、自治区、直辖市建设行政主管部门申领,也可在建设部网站下载。

(5)专题技术论证会应当由建设单位提出和组织,在报请国务院有关行政主管部门的标准化管理机构或省、自治区、直辖市建设行政主管部门的标准化管理机构同意后召开。

专题技术论证会应有相应标准的管理机构代表、相关单位的专家或技术人员参加,专家组不得少于7人,专家组成员应具备高级技术职称并熟悉相关标准的规定。

专题技术论证会纪要应当包括会议概况、不符合工程建设强制性标准的情况说明、应用的可行性概要分析、结论、专家组成员签字、会议记录。专题技术论证会的结论应当由专家组全体成员认可,一般包括:不同意、同意、同意但需要补充有关材料或同意但需要按照论证会提出的意见进行修改。

(6)建设单位应对申请材料实质内容的真实性负责。向国务院建设行政主管部门提交"三新核准"材料时应同时提交其电子文本。

（7）建设部标准定额司统一受理"三新核准"的申请，在收到申请后，会根据下列情况分别做出以下处理：

1）对依法不需要取得"三新核准"或者不属于核准范围的，申请人隐瞒有关情况或者提供虚假材料的，即时制作《建设行政许可不予受理通知书》，发送申请人；

2）对申请材料存在可以当场更正的错误的，申请人可当场更正；

3）对属于符合材料申报要求的申请，即时制作《建设行政许可申请材料接收凭证》，发送申请人；

4）对申请材料不齐全或者不符合法定形式的申请，当场或者在五个工作日内制作《建设行政许可补正材料通知书》，发送申请人。逾期不告知的，自收到申请材料之日起即为受理；

5）对材料（或补正材料）齐全、符合法定形式的行政许可申请，在五个工作日内制作《建设行政许可受理通知书》，发送申请人。

（8）建设部标准定额司受理申请后，按照建设部行政许可工作的有关规定和评审细则（另行制定）的要求，组织有关专家对申请事项进行审查，提出审查意见。

建设部标准定额司根据审查意见提出处理意见：

1）对符合法定条件的，制作《准予建设行政许可决定书》；

2）对不符合法定条件的，制作《不予建设行政许可决定书》，说明理由，并告知申请人享有依法申请行政复议或者提起行政诉讼的权利。

对于建设部作出的"三新核准"准予行政许可决定，建设部标准定额司会在建设部网站等媒体予以公告，供公众免费查阅。

对于建设部已经作出准予行政许可决定的同一种新技术、新工艺或新材料，需要在其他相同类型工程中采用，且应用条件相似的，可以由建设单位直接向建设部标准定额司提出行政许可申请，并提供本条第（3）项第1）、2）、3）目规定的材料和原《准予建设行政许可决定书》，依法办理行政许可。

二、听证、变更与延续

（1）"三新核准"事项需要听证的，应当按照《建设行政许可听证工作规定》（建法[2004]108号）办理。

（2）被许可人要求变更"三新核准"事项的，应当向建设部标准定额司提出变更申请。变更申请应当阐明变更的理由、依据，并提供相关材料。

（3）当符合下列条件时，应当依法办理变更手续。

第十章　新型建筑材料管理

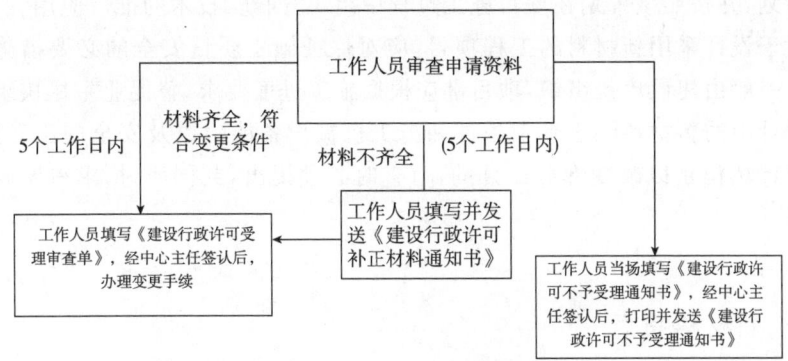

图 10-2　"三新核准"变更流程图

1)被许可人的法定名称发生变更的;
2)行政许可决定所适用的工程名称发生变更的。

(4)被许可人提出变更行政许可事项申请的,建设部标准定额司将依法办理变更手续,对符合变更条件的制作《准予变更建设行政许可决定书》;对不符合变更条件的制作《不予变更建设行政许可决定书》,发送被许可人。

(5)发生下列情形之一时,建设部可依法变更或者撤回已经生效的行政许可,建设部标准定额司制作《变更、撤回建设行政许可决定书》,发送被许可人。

1)建设行政许可所依据的法律、法规、规章修改或者废止;
2)建设行政许可所依据的客观情况发生重大变化的。

(6)被许可人在行政许可有效期届满三十个工作日前提出延续申请,建设部标准定额司将在该行政许可有效期届满前提出是否准予延续的意见,制作《准予延续建设行政许可决定书》或《不予延续建设行政许可决定书》,发送被许可人。逾期未作决定的,视为准予延续。

被许可人在行政许可有效期届满后未提出延续申请的,其所取得的"三新核准"《准予建设行政许可决定书》将不再有效。

(7)被许可人所取得的"三新核准"《准予建设行政许可决定书》在有效期内丢失,可向建设部标准定额司阐明理由,提出补办申请。

第二节　新型建筑材料现场管理

"四新技术"是指新技术、新工艺、新设备、新材料。在项目施工中采用先进可行的四新技术,不但可以降低成本、提高质量、加快进度,而且在投标阶段可以提高施工企业的核心竞争力。

项目开工初期,项目部根据工程特点和具体情况编制本工程的"四新"技术应用策划,并按照该策划在项目施工过程中组织"四新"技术的推广应用。

对于设计采用新材料的工程项目,应对保证施工质量安全的必要措施进行商讨。一般由建设单位组织,项目部应根据施工进度要求,督促业主尽快组织会审。设计中的新材料限于施工条件和施工机械设备能力以及安全施工等因素,要求设计单位予以改变部分设计的,审查时必须提出,共同研讨,求得圆满的解决方案。

一、新材料特点

新型建筑材料及其制品工业是建立在技术进步、保护环境和资源综合利用基础上的新兴产业。一般来说,新型建筑材料应具有以下特点:

(1)复合化。随着现代科学技术的发展,人们对材料的要求越来越高,单一材料往往难以满足要求。因此,利用复合技术制备的复合材料便应运而生。所谓复合技术是将有机与有机、有机与无机、无机与无机材料,在一定条件下,按适当的比例复合。然后,经过一定的工艺条件有效地将几种材料的优良性能结合起来,从而得到性能优良的复合材料。据专家预测,21世纪复合材料的比例将达到50%以上。复合技术的研究和开发领域很广泛,例如管道复合材料有铝塑复合管、钢塑复合管、铜塑复合管、玻璃铜复合管等;复合板材料有铝塑复合板、铜丝网架水泥聚苯乙烯复合板、彩钢板泡沫塑料夹心复合板、天然大理石与瓷砖复合板、超薄型石材与铝蜂窝复合板等;门窗复合材料有塑钢共挤门窗、铝塑复合门窗、木铝复合门窗、玻璃钢门窗等;复合地板材料有强化木地板、塑木复合地板等。

(2)多功能化。随着人民生活水平的提高和建筑技术的发展,对材料功能的要求将越来越高,要求新型材料从单一功能向多功能方向发展。即要求材料不仅要满足一般的使用要求,还要求兼具呼吸、电磁屏蔽、防菌、灭菌、抗静电、防射线、防水、防霉、防火、自洁、智能等功能。例如,建筑陶瓷墙地砖,不但要求有良好的装饰使用功能,还要求兼具杀菌、灭菌、易清洁或自洁等性能;内墙建筑涂料,不但要求有装饰使用功能,还要求有杀菌、灭菌、防虫害、防火、吸声、抗静电、防电子辐射、净化室内有害气体、可产生负离子等功能;建筑内墙板,不但有装饰维护功能,还要求有呼吸、吸声、防结露或净化室内环境,调节室内温湿度等功能;建筑玻璃,不但要有采光和装饰功能,还要求有隔声、吸声、隔热、保温、易洁、自洁等功能。

(3)节能化、绿色化。随着我国墙体材料革新和建筑节能力度的逐步加大,建筑保温、防水、装饰装修标准的提高及居住条件的改善,对新型建筑材料的需求不仅仅是数量的增加,更重要的是质量的提高,即产品质量与档次的提高及产品的更新换代;随着人们生活水平和文化素质的提高,以及自我保护意识的增强,人们对材料功能的要求日益提高,要求材料不但要有良好的使用功能,还要求材料无毒、对人体健康无害、对环境不会产生不良影响,即新型建筑材料应是所谓的"生态建筑材料"或"绿色建筑材料"。所谓绿色建筑材料主要足指这些新型材料资源、能源消耗低,大量利用地方资源和废弃资源;对环境、对人身友好无害且有利于生态环境保护,维持生态环境的平衡;同时,可以循环利用。

(4) 轻质高强化。轻质主要足指材料多孔、体积密度小。如空心砖、加气混凝土砌块轻质材料的使用,可大大减轻建筑物的自重,满足建筑向空间发展的要求。高强主要是指材料的强度不小于 60MPa;高强材料在承重结构中的应用,可以减小材料截面面积提高建筑物的稳定性及灵活性。

(5) 工业化生产。工业化生产主要是指应用先进施工技术,采用工业化生产方式,产品规范化、系列化。这样,材料才能具有巨大市场潜力和良好发展前景,如涂料、防水卷材、塑料地板等建筑材料的生产。

二、使用新材料前培训

对使用新材料的工程以及重点工程,由企业(公司)质量管理部门制订培训计划,对施工管理人员,工班组长进行培训。

对采用新型建筑材料的分项工程应在施工前应对施工人员进行相关技术培训,保证施工质量及安全。在施工中使用新材料,应详细进行交底,交代应用的部位、应用前的样板施工等具体事宜。可请专业厂家技术人员作技术示范操作,或作样板间示范技术交底,使工人具体了解操作步骤,做到心中有数,避免不必要的质量和安全事故的发生。

采用新材料施工时,技术交底内容及重点可参考表 10-1。

表 10-1 采用新材料技术交底内容及重点

项目	说明
内容	1) 使用部位 2) 主要施工方法与措施 3) 注意事项
重点	主要施工方法与措施

三、新材料流水施工控制

对于采用新材料且没有定额可循的工程项目,可根据以往的施工经验进行估算。为了提高准确程度,往往先估算出该流水节拍的最长、最短和正常(即最可能)三种时间,然后据此求出期望时间,作为某专业工作队在某施工段上的流水节拍。一般按下式进行计算:

$$t_i = (a_i + 4c_i + b_i)/6$$

式中:t_i——某专业工作队在第 i 施工段上的流水节拍;

a_i——某施工过程在第 i 施工段上的最短估算时间;

b_i——某施工过程在第 i 施工段上的最长估算时间;

c_i——某施工过程在第 i 施工段上的正常估算时间。

对于采用新型建筑材料的工程,应编写专题施工技术总结,施工技术总结应在施工过程中随时积累资料,由总工程师组织有关人员及时进行编写,主管编写施工技术总结的技术人员必须在编写任务完成后方可离任,企业(公司)工程技术(管理)部履行督促、指导职能。

四、新材料施工技术总结

采用新材料的项目完成后,应立即编写技术总结,并上报技术管理部门。项目总工(技术负责人)在组织编写施工技术总结的过程中,项目部的有关部门和人员应提供下述资料和其他必要的资料:

(1)内业部门提供计划工期与实际工期的对比状况;

(2)材料部门提供三材节约情况,核实材料节约率;

(3)机械部门提供机械设备性能、配备情况及使用率对比情况;

(4)质检部门提供达到质量标准的实际水平;

(5)试验室提供试验、检测资料;

(6)经营部门负责经济效益的分析对比工作;

(7)财务部门负责经济效益的成本核算工作;

(8)安全部门提供安全防护技术措施资料。

(9)制作和收集新材料施工相关的工程照片及音像资料。

施工技术总结编稿完成经审批后,由项目内业技术人员负责向企业(公司)技术部门上报。